U0285151

地磁转换函数和帕金森矢量

龚绍京　著

气象出版社
China Meteorological Press

内容简介

本书详细阐述了地磁帕金森矢量和地磁转换函数的定义、数学物理原理、历史发展脉络和国际上的一些研究成果;介绍了离散数据的转换函数计算方法及数学公式;探讨了减少转换函数计算误差的问题,利用时间序列分析、复数最小二乘法和 Robust 估计等数学工具,推导了复转换函数实部和虚部的误差公式;研究了帕金森矢量在中国大陆的分布;用数值模拟计算分析转换函数的空间分布特征;并应用地磁周期变化的各种参量($\Delta Z/\Delta H$、a、b、φ、L、A、B 和 C、G、E、F)研究了唐山、菏泽、松潘、花莲、宁河、汶川等地震,均有明显的前兆异常。最可喜的是在 1972—1997 年的二十五年半时间,水平场转换函数只在唐山地震前的 1976 年 2—4 月出现唯一一次短期前兆。本书可供地震预报人员、相关院校师生和科技人员参考。

图书在版编目(CIP)数据

地磁转换函数和帕金森矢量 / 龚绍京著. -- 北京 : 气象出版社, 2022.7
ISBN 978-7-5029-7749-8

Ⅰ. ①地… Ⅱ. ①龚… Ⅲ. ①地磁变化－转移函数－研究 Ⅳ. ①P318.2

中国版本图书馆CIP数据核字(2022)第119143号

DICI ZHUANHUAN HANSHU HE PAJINSEN SHILIANG

地磁转换函数和帕金森矢量

出版发行:气象出版社

地　　址:北京市海淀区中关村南大街 46 号		邮政编码:100081
电　　话:010-68407112(总编室)　010-68408042(发行部)		
网　　址:http://www.qxcbs.com	**E-mail**: qxcbs@cma.gov.cn	
责任编辑:蔺学东	终　　审:张　斌	
责任校对:张硕杰	责任技编:赵相宁	
封面设计:艺点设计		
印　　刷:三河市君旺印务有限公司		
开　　本:710 mm×1000 mm　1/16	印　　张:11.5	
字　　数:270 千字	彩　　插:4	
版　　次:2022 年 7 月第 1 版	印　　次:2022 年 7 月第 1 次印刷	
定　　价:60.00 元		

本书如存在文字不清、漏印以及缺页、倒页、脱页等,请与本社发行部联系调换。

序　言

　　自从开展短时间尺度地震预报(包括俗称的中期、短期、临震预报)研究与实践以来,地磁观测及相应的震磁效应的研究与应用一直是地震预报的重要学科方法之一。与其他学科的研究方法一样,可能的地震前兆信息的检测、提取、识别是地震预报首要的关键环节。近十多年来,人们在地震预报研究与实践中提出了多种提取可能的震磁前兆信息的方法,相应地形成了多种具体的地震预报的地磁学方法。经预报实践检验,一些预报效能明显较差的方法相继被淘汰。目前保留下来的在日常分析预报工作中广泛应用的方法,也时而遇到各种问题的挑战。例如,与其他学科方法比较,异常的时空分布与大震的关系更复杂;对异常作为地震前兆的机理存在明显不同的认识,等等。这意味着在加强地震预报方法的研究中,尤应重视地磁学方法的研究、创新。龚绍京研究员撰写的《地磁转换函数和帕金森矢量》一书,以许多大地震前的观测事实和科学的理论分析,告诉人们地磁转换函数方法有希望成为物理含义较明确、预报效能相对较好、具有创新性的地震预报的地磁学方法。

　　龚绍京研究员是较早探索用地磁转换函数的动态变化来预报地震的学者,是从事这方面研究的突出代表。她 1962 年毕业于北京大学固体地球物理专业,1972 年调到天津地震局后,一直从事地磁学尤其是地震预报地磁学方法研究,既重视理论推演,又重视地磁台站观测。在 1970 年代中早期就发现,我国一些大震前震中区周围一定区域范围内地磁台站的绝对观测资料出现明显的变动。1980 年代以后,通过收集整理国内外大量的有关资料和研究成果,进行认真的分析研究,龚绍京认为,用地磁短周期变化的参量——帕金森矢量和转换函数是可以提取大震孕育的地磁学前兆信息的。近 30 年来她始终致力于这方面的研究,本书既是她 30 年研究成果的结晶,更是一本内容丰富、翔实的地震预报的创新性地磁学方法的专著。本书不仅介绍了国内外一些地区地磁快速扰动的实例及异常特征,阐明了帕金森矢量和转换函数的定义、物理含义,而且详细介绍了转换函数的计算及相应的误差计算,给出相应的计算公式和程序软件;展示了国内外一些大震尤其是我国唐山 7.8 级、汶川 8.0 级强震前地磁转换异常的时空分布特征。还要特别指出的是,本书从电磁感应理论出发阐明了地磁转换函数与地球介质电性结构的相关关系,这将有助于推进震磁前兆机理研究的深入和地震预报地磁学方法和地电学方法的结合。

　　鉴于目前我国尚缺少有关地磁转换函数研究的专著,且本书内容丰富、翔实,并兼顾了对该方法熟悉程度有别的不同读者的需求，给出了有关的计算公式及相应的程序软件，具有较强的可读性，便于有兴趣的读者进行这方面的计算、研究。期望该书的出版有助于推进该方法研究的深入和广泛应用，进而推进地震预报地磁学方法的创新、预报水平的提升。

最后要提及的是，本书作者龚绍京作为一名在固体地球物理尤其地磁学方面有坚实基础理论的学者，始终高度重视台站观测，几十年如一日，始终坚持理论与实践相结合，对地震预报有着执着的追求。在 80 多岁高龄、体弱多病的情况下，坚持撰写本书，把她一生的研究成果，包括研发的程序软件无条件地奉献给读者。我以崇敬的心情，认真阅读、学习了书稿，在此基础上写下此序言，以表示对龚绍京研究员的敬意。

陈章立

二〇二一年十二月三日

＊ 陈章立，1941 年 7 月生，福建南安人，研究员，博士生导师。1966 年毕业于北京大学地球物理系固体地球物理专业并留校任教。1970 年 9 月调中央地震工作小组办公室（国家地震局的前身），任新疆地震预报实验场业务负责人，分析预报中心综合预报研究室副主任、主任等职。1984 年后，历任国家地震局科技监测司处长、副司长、司长，国家地震局副局长兼党组纪检组长、直属机关党委书记；1995 年起任国家地震局局长。1998 年 4 月任中国地震局局长。2001 年 12 月离开领导岗位后继续从事研究工作。发表论文 20 余篇。著《浅论地震预报地震学方法基础》，主编《数字地震观测资料应用研究》。

前　言

早在 1993 年我给梅世蓉先生看"地磁短周期变化研究"方面的材料时,她就建议我写一本书。可当时我觉得已有研究的份量似乎不够,加之当时课题任务重、上下班太远,身体不大好,家务事又多,没有精力。1998 年我退休后,钱家栋研究员提出让我处理唐山地震前后昌黎地震台全过程资料并做一些理论计算,作为他基金课题"地震前兆的技术性、相关性和物理性论证"的内容之一。这就有了 2001 年发表的两篇文章。2002 年我跟随女儿去了加拿大。从加拿大回来后,2011 年周锦屏高工打电话给我,说李琪希望与我合作,将我的 Fortran 语言程序改成 Matlab 程序,用于电性结构的研究。同时高玉芬研究员又提出希望我将自己的工作系统地整理一下写出来。那时我正在考虑如何完成李琪的任务,重新编写 Matlab 程序,每年冬天还要去三亚,断断续续地,精力都集中到了程序方面。既然有了新程序就该利用,于是我又处理了汶川地震区附近成都、重庆和西昌三个地磁台的资料,确认了从松潘地震到汶川地震期间成都台帕金森矢量方向的长期变化。还处理了中国大陆 36 个地磁台的资料,给出了中国大陆地磁台的帕金森矢量。这样又在 2015 年和 2017 年相继发表了两篇文章。

李琪是想研究电性结构,只用到了垂直场转换函数。可我们的工作是想用研究地下电性结构的参量去探寻地震异常。过去的工作表明,有时水平场转换函数的地震异常更明显。于是,我们又开发水平场转换函数的 Matlab 程序。在此基础上,将所有的程序合并起来,将之规范化,于 2019 年提出了著作权申请。

在这个过程中,所有过去做过的工作又在我脑海中梳理了一遍,感到可以写出来留给后来者,算是抛砖引玉吧。

这本小册子主要是我多年工作的总结,也根据过去我收集的不完整的资料,述及部分国内外的状况。我的思路是想借用研究电性结构的参量来探寻地震异常,因此本书所述也围绕这个内容展开。为了说明这些参量的物理意义,必须说明这些参量的来龙去脉,以及它们与电性结构的关系。只是我退休多年,国内的新情况虽然知道一些,但总的来说国内外新进展却知之甚少。虽然写此书前我也查看了一些近 20～30 年来的相关文献,企图尽量能有系统的描述,但总归算不上是对这一领域的全面阐述。所幸,研究的几个地震都取得了有意义的结果,如菏泽、松潘、小金、花莲、宁河、唐山和汶川地震震例。

这本书的意义在于:(1)实际工作表明,地震是有前兆的,用地磁短周期变化的参量——帕金森矢量和地磁转换函数，可以捕捉到长期甚至短期前兆。（2）寻找地震前兆看来只是资料处理工作，好像没有多少理论。其实不然，这牵涉到许多数学和物理概念。数据处理如果没有正确的理论指导，也不可能取得好的效果。如何提高信噪比、提高估计的精度，在复杂的背景中提取有用信息，除了需要有好的观测资料（包括仪器性能和好的环境和好的管理）外，还需要许多数理统计方面的知识。在求帕金森矢量系数 a、b 的计算方法方面，过去曾长期存在争论，某方法曾一度得到联合国科教文组织下设机构的资助，在相当多的地震台站试行。然而数学水平稍高的人都能明白，仅用振幅谱是求不出复转换函数的。在工作中我也遇到一些问题，还不能从数学理论上给出很好的解释。（3）随着国家建设取得伟大成就，地磁台站的观测环境条件发生了很大的变化，地铁、高铁以及超高压直流输电线的铺设，影响了地磁绝对测量的准确性，也给地磁相对测量带来较多干扰。例如游散电流的增加和电阻率法读数等，使得利用地磁短周期变化参量的工作遇到了较多困难。但也正由于是利用地磁短周期变化，使得它的参量可以不受长期性干扰因素的困扰。同时它还具有一定的灵活性：可以识别并避开干扰，从而在较差的坏境条件下独立开展工作；如果垂直分量干扰大，可以利用水平分量；可以根据情况利用分钟数据或秒数据；可以做单台转换函数，也可以做台际转换函数；可以避开干扰时段，等等。（4）用什么参量来探寻地震前兆，要有物理基础，不能玩毫无物理意义的数字游戏。帕金森矢量和地磁转换函数的物理意义是明确的。如果能配合别的方法，如地磁绝对值观测、流动磁测、电磁测深和磁测深等，将能取得更好的结果。

　　限于水平和精力，笔者在工作中虽然解决了一些遇到的难题，例如，为克服磁变仪时间服务不够精确对水平场转换函数估计值的影响，以及各种随机干扰对估计值的影响而引进了 Robust（稳健）估计。但我们发现的一些问题也还需要后人来做更深入的探讨和研究。例如，对二元回归问题，一般人会做一种变换，即在等式两边除同一变量，使之成为一元回归（这样的例子很多）。但我们在数据处理过程中发现，做没做这种变换，最小二乘法拟合的结果会不一样，尤其当原始数据离散度较大时，结果会相差很大。经过反复的思考，我们初步认为对数理统计的问题，不适用"等式两边可以除以同一变量"的法则，但这种解释似乎有些粗糙，还需要从数学上论证、解释。又例如，西藏拉萨台的帕金森矢量对不同的周期方向差别很大，甚至反转，这意味在不同的深度，横向电性结构完全不同，需要做更深入的电磁测深研究。还有，在唐山地震和和林格尔地震前，我们发现了"巨相移"现象，且从相移的等值线图看，这两个地震似乎有两个相移中心，这个现象也需要更多的资料验证、解释。

作　者

2021 年 10 月

目　录

符号列表

地磁场符号

H_T:地球磁场矢量

H_T 或 F:地球磁场矢量的模,称为地磁场的总强度

X:地磁场的北向分量(在地理坐标系中)

Y:地磁场的东向分量(在地理坐标系中)

Z:地磁场的垂直分量,北半球以向下为正;南半球以向上为正

H:地磁场水平分量,地磁场在磁北方向的分量

D:磁偏角,地磁场与地理北方向的夹角

I:磁倾角,地磁场与水平面的夹角

H_e:地球磁场的外源部分,称外源施感场

H_i:地球磁场的内源部分,称内源感应场

物质的物理参数

ρ:电导率

Ω:电阻率

η:溶液的黏滞系数

λ:介电常数

ξ:液固界面偶电层的电动势

μ:磁导率

帕金森矢量的符号

ϕ:地磁变化矢量(差矢量)与磁北方向的夹角

θ:地磁变化矢量(差矢量)与垂直向上方向的夹角

a、b:帕金森矢量系数

φ:帕金森矢量的磁方位角

I:地磁变化优势面的倾角

L:帕金森矢量的长度

数据处理

N:样本长度

Δt:采样间隔,时间间隔

T:记录长度

R:相关系数

S:剩余标准离差

σ:误差,标准差

ε:残差

σ^2:样本方差

$D(\overline{Y})$:算术均值 $\overline{Y}$ 的方差

谱分析

ω:圆频率

f:频率

T 或 P:周期

$|F(\omega)|$:振幅谱

$\phi(\omega)$:相位谱

$a(\omega)$:余谱

$b(\omega)$:求积谱

$\zeta(k)$:自相关函数

$F(\omega)^2$:自谱,功率谱

$F_h(\omega)^* \cdot F_d(\omega)$:互谱

FFT:快速傅里叶变换

Sompi:存否谱

AR:最大熵谱

复转换函数

A_u、$B_u(A_r$、$B_r)$:单台垂直场转换函数的实部(转换函数的同相部分)

A_v、$B_v(A_i$、$B_i)$:单台垂直场转换函数的虚部(转换函数的正交部分)

C_u、G_u、E_u、F_u:水平场台际转换函数的实部(简称水平场转换函数或台际转换函数)

C_v、G_v、E_v、F_v:水平场台际转换函数的虚部

F_r:垂直场转换函数实部算出之帕金森矢量的方位角

L_r:垂直场转换函数实部算出之帕金森矢量的长度

第1章 概 述

由日地间的物理过程而产生的地球变化磁场,是一种功率强大、周期很长且成分复杂的电磁波。它像 X 射线透视人体、地震波透视地球一样,可以穿透到地球的深部,带来许多地球深部的电性信息。地球内部的电磁感应理论以及在各种领域的应用,既有坚实的物理基础,又有广泛的应用前景。它与地震学领域的地震波理论一样,是一个值得科学家们探索的领域。

当地磁场变化时,在地球内部感生电动势。由于地球具有有限的导电性,该电动势引起感应旋涡电流。它的二次磁场(内源场)与外源施感场叠加,从而影响地面上测量的总磁场。对地球变化磁场的电磁感应问题及地球内部电性的研究,形成地球内部的电磁感应理论。研究全球范围的变化磁场及其感应效应,如日变化、磁暴主相等,把地球看作是球体,这就是**球体中的电磁感应问题**。它涉及用球谐分析计算内、外源场,并进而根据内外场的系数比计算均匀球体和分层地球的电导率及随深度的变化。用这种理论,Sonett(1971)曾发现月球在大约 250 千米深度有一高电导率层。用地球变化磁场的 Sq 和 Dst 等超长周期成分计算的导电性,地幔的深度约为 $300\sim600$ 千米,电导率可达约 1 西门子/米(S/m)。这些变化磁场的穿透深度可达 $700\sim1000$ 千米。

过去我们学地磁学,对地球变化磁场的描述和研究都是从全球规模来考察的,大多研究各种变化磁场随经纬度的分布规律,很少考虑地球变化磁场的地方性差异及其与地球上层区域或局部电性结构的关系。Chapman 等(1940)首先指出,地壳的不规则性可能影响地磁场,尤其是较短周期的瞬变场。这些快速变化的磁场的感应深度比较浅,其感生的内源场与区域或局部地区的电性结构有关。此时可把地球表面当成无穷平面,此类问题称为**"平面导体中的电磁感应问题"**。它涉及的领域有大地电磁测深、磁测深以及我们将要讨论的横向不均匀的电性结构问题。在地球物理勘探领域,有许多应用电磁感应理论找金属矿的交流电方法,尽管物探中用人工发射电磁场。

地震孕育过程中,震源区应力的集中和加强使源区的地壳产生新的裂隙。新增加裂隙的区域孔隙压较之周围低。按照动电现象理论,在孔隙中带离子的液体将从孔隙压高的地方流向低的地方,并在液一固相对运动的方向上产生过滤电位(又称流动电位),过滤电位与压力差之间遵从下面的关系:

1

$$\Delta V = \left(\frac{\lambda \xi}{4\pi\rho\eta}\right)\Delta P \tag{1.1}$$

式中，η 为溶液的黏滞系数，λ 为介电常数，ρ 为电导率，ξ 为液—固界面偶电层的电动势，ΔP 为压力差，ΔV 为电位差。过滤电位是一种动电现象，固体骨架一方带负电荷，液体(水)带正电荷。因此，扩容—膨胀过程引起的含离子水的流动，会引起震源区及附近自然电位的变化。同时，含离子水的流动形成直流电流，引起磁场的变化，量级一般不大，只有当扩容膨胀的区域很大且水流较快时才有可能被检测到(徐世浙，1979)。这种现象用于解释地震孕育伴随的磁场变化，祁贵仲(1978)称之为"地震的膨胀磁效应"，苏联人则称之为"动电效应"(我曾在原地质部物探所从事地震电效应课题研究近10年，地震电效应的成因有两个：压电效应和动电现象，我曾给祁贵仲看过我们的研究报告。不过我们当时的课题是保密的，研究成果没有发表)。用过滤电位理论可以解释孕震区电导率的变化：在膨胀的过程中，由于孔隙压的变化，含离子水侵入新产生的裂隙——孕震区，使该区的电导率增加，又可由于电磁感应使得感应磁场在整个磁场中占的比例增加，导致产生"地震的感应磁效应"。因此，电导率变化的过程与水头梯度变化的过程应该有一定的关系。在中国、苏联、美国的野外测量中，地震前都曾观测到高达百分之几十的地壳内电导率变化。饱和含水岩石标本的室内试验表明，当接近破裂应力时，电导率可以增加百分之几十至一个量级(Brace et al.，1968)。电导率这样的变化量级，要比表征物质特性的其他常数可能发生的变化大得多，如拉梅常数、泊松比等。因此，如果能用电磁方法探寻孕震过程中地球深部电性的变化，其前景相对而言应比较光明。

引起孕震区电性变化的原因，还有地幔内物质的运移和板块运动引起的高导层和居里等温面的隆起、断裂错动引起的应力加强以及热流活动引起的电导率变化等。因此，有可能利用研究电性结构的参量来探寻地震的感应磁效应。如果是居里等温面隆起引起高导层隆起，从而使导电层的界面发生变化，那么居里等温面的隆起应使地磁绝对测量值减小。而唐山地震前我们正好观测到昌黎 Z 分量绝对值减小。

由电磁学理论可知，电磁波在不导电的均匀介质中传播时，因为没有能量的消耗，振幅并不会衰减。当电磁波频率很高并在金属导体中传播时，会出现趋肤效应，电流将趋向导体的表面。频率愈高，电导率愈高，趋肤效应愈明显。趋肤效应导致发展出波导理论及其应用。振幅衰减到表面处的 $1/e = 36.8\%$ 时的厚度，称之为趋肤深度(赵凯华和陈熙谋，2002)。这个厚度与电导率 ρ、磁导率 μ、及圆频率 ω 的平方根呈反比。除非是铁磁性物质，一般的顺磁性和反磁性物质的磁导率 μ 接近于1。由图1.1可以看出，在铜导线中，如果是直流电，电流密度在横切面上的分布是均匀的；随着频率的增加，电流分布愈来愈趋向导线的表面；只有当交流电达到 100 kHz 以上量级时,才出现波导现象。

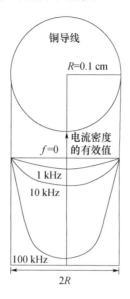

图 1.1 铜导线中不同频率电流在横切面上的分布

地球变化磁场也是一种频率非常低的电磁波。由于地球有限的导电性,地球变化磁场也会出现趋肤效应。在这里趋肤深度被改称为穿透深度。当穿透深度 h 以千米(km)为单位,电阻率(Ω)以欧姆米($\Omega \cdot m$)为单位,周期 T 以秒(s)为单位时,变化磁场的感应深度(即穿透深度)由下式表达:

$$h = \frac{1}{2\pi} \sqrt{10\Omega T} \tag{1.2}$$

地球的情况比较复杂,并不是单一的均匀介质,而是分层的。对分层的地球不能简单地用式(1.2)来计算感应深度,而应是一种加权积分表达式。真正的深度应该用电磁测深来计算,最终用探井来确定。一般来说,实际的感应深度要小于式(1.2)计算的深度,也小于表 1.1 列出的各种物质的穿透深度。

表 1.1 不同物质在各种周期时的穿透深度

物质	电阻率 ($\Omega \cdot m$)	穿透深度(km)				
		$T=1$ s	$T=40$ s	$T=160$ s	$T=600$ s	$T=7200$ s
海水	10^{-1}	0.16	1.01	2.02	3.9	13.4
地幔物质	10^{0}	0.50	3.18	6.36	12.3	42.6
地表土	10^{1}	1.59	10.1	20.2	39	134
沉积岩	10^{2}	5.03	31.8	63.6	123	426
火成岩	10^{4}	50.3	318	636	1230	4260

研究地震的感应磁效应要利用地球的变化磁场。地磁的日变化含有 24，12，…小时的周期。其穿透深度可达到下地幔和外地核。我们要利用穿透深度达到地壳和上地幔的地磁变化，这就是我们要研究地磁短周期变化的原因。地磁短周期变化是指周期为几秒至约 100 分钟的变化，并不包括日变化，主要是利用磁扰资料。由于研究感应磁效应时的近似处理要求外源场垂直入射且均匀（平面波）。因此，多利用全球同时发生的事件，或产生源场的电流体系比较高，因而源场可视为准均匀的事件。不利用钩扰。在中低纬度，一般电流体系在磁层和电离层，大体符合垂直入射且均匀的条件。

对事物的认识总是由浅入深、由表及里。对较短周期变化磁场的感应效应以及它们与地壳不规则的电性结构关系的认识，也是由浅入深、由表象及机理的。根据我的了解，对地磁短周期变化与地下电性结构关系的研究，其发展过程大体可以分为三个阶段。后来出于探寻地震异常的需要，又引进了水平场台际转换函数，因此，本书把该领域的发展过程分为四个阶段。

（1）发现快速地磁扰动的空间分布异常

贾普曼的观点（Chapman et al.，1940）被 20 世纪 50 年代，特别是 60 年代发现的大量事实所证实。有时甚至相距很近的台站之间，其短周期变化的形态也有很大差别。最著名的是欧洲中部异常（Wiese，1954）和日本中部异常（Rikitake et al.，1955）。对这些异常的描述，大多采用 ΔZ 分布特征和比值 $\Delta Z/\Delta H$（或 $\Delta Z/\Delta D$）分布等值线图的办法。也有学者用麦克斯威方程对这种分布异常现象从理论上进行了计算，如 Rikitake（1961，1976）、Honkura（1979）。祁贵仲等（1981）也对渤海地区分布异常进行了一些计算。

（2）地磁变化优势面的发现及帕金森矢量和威斯矢量的提出

1959 年 Parkinson（帕金森）研究了快速地磁扰动的方向，发现地磁扰动矢量有趋向或接近于在一个平面上的趋势。这一趋势的存在符合电磁感应的原理：即由感应电流产生的磁力线将平行于导体的界面。Parkinson 将地磁变化矢量所趋向的这个平面取名为地磁变化矢量的优势面（Preferred Plane）。他选择了澳大利亚六个台的资料，有内陆的，也有靠近海岸的，以及靠近南极的海岛。研究了这些地方快速地磁变化的特征及优势面的产状。在 1959 年研究的基础上，1962 年 Parkinson 提出了帕金森矢量的概念，并且画出了当时世界范围帕金森矢量的分布图。由于 Parkinson 是在南半球做的研究，所以他定义的帕金森矢量是优势面指向地下的单位法线矢量的水平投影。几乎在同一时期，Wiese（威斯）也在 Parkinson 研究的基础上在北半球做了工作，提出了威斯矢量的概念（Wiese，1962a，1962b）。由于 Wiese 是在北半球做的工作，他定义的威斯矢量是优势面指向上的法线矢量的水平投影，即与帕金森矢量的方向相反。

后来,帕金森矢量的概念得到了大力的推广和应用,取得了丰硕的成果。电性结构方面的成果可以说遍布全世界,更可喜的是应用帕金森矢量系数 a、b 来寻找地震前兆,取得了很好的震例。

(3)复转换函数及正常场、异常场概念的引入

帕金森矢量概念的提出是基于经验事实,但提出的推理过程及概念本身是科学、严格、形象且经过检验的。因此,帕金森矢量这一概念才被后世所广泛应用,即使引入复转换函数,帕金森矢量概念仍是有用的。由 a、b 算出的帕金森矢量的缺点是没有严格的周期概念,只能分为快速的和相对较慢的扰动,或者分为急始类的和湾扰类的。最初许多人将帕金森矢量系数 a、b 也称为地磁"转换函数",但这不是数学和控制论中严格意义的转换函数。按照数学上转换函数(传递函数)的定义,地磁转换函数的输入应是外源地磁场即施感场,输出应是感应地磁场即内源场。然而外源场和内源场是叠加在一起的,要分离它们要求有足够多的台站,同时还会有较大的估算误差。我们现在很难推测当时的科学家有没有尝试过用内、外源场分离的办法来计算地磁转换函数,这在当时无疑是困扰学术界的一个难题。我们只知道Schmucker(施莫克)在 1964 年和 1970 年发表的文章是同样的标题,他在 1964 年做的帕金森矢量在美国西南部的分布图给出的仍是由 a、b(实数)算出的帕金森矢量(Schmucker,1964),直到 1970 年他画的在美国西南部的分布图才是既有实矢量又有虚矢量,即他引入了复转换函数概念(Schmucker,1970)。在 1970 年的这篇文章中他提出了正常场、异常场的概念。我想,这 6 年时间中 Schmucker 一定有过许多探讨与摸索。为何后人都是沿用正常场与异常场的概念,而没有人再用外源场和内源场来求地磁转换函数,是有一定道理的。

(4)研究地磁水平场转换函数

最初引入复转换函数概念,多用于求垂直场转换函数 A、B,并根据 A、B 的实部和虚部画出不同周期的实、虚帕金森矢量。而且电性结构方面的成果比较多。

按 Rikitake(1976)的计算,对适当的周期和埋藏深度,有时感应异常场水平分量的量级在地表的某些位置可以超过垂直分量,地磁短周期变化的水平场可改变 20%~100%。我们后来的数值模拟计算也表明:对同样的导体和围岩模型,水平场转换函数至少可达到垂直场转换函数同样的量级(详见本书第 8 章)。我们的研究震例也表明,水平场转换函数异常的量级有时远比垂直场转换函数大,并由此发现了"巨相移"现象。

水平场转换函数的震例,目前世界上已知的只有三个。即卡莱尔 5.0 级地震,以及我们做的台湾花莲 7.6 级地震和唐山 7.8 级地震。卡莱尔地震是用铷蒸汽磁力仪,精度高、时间服务精确。花莲地震和唐山地震的震例用的是磁变仪资料,精度差、时间服务不够精确,我们遇到了难题。为此做了不少分析尝试,并引入了 Robust(稳健)估计。

第2章 快速地磁扰动的空间分布异常

2.1 地磁的绝对测量和相对测量

地球的磁场由两部分构成：地球的基本磁场和地球的变化磁场。基本磁场包括地球的偶极子磁场及区域磁场和局部磁异常。区域磁场如：大陆磁场、大的构造单元的磁场。而局部磁异常如：矿藏产生的磁场、地震孕育产生的磁场等。基本磁场是一种相对稳定、变化很缓慢的磁场。而变化磁场是指日地间的物理过程（如太阳风）形成的高空电流体系产生的磁场及其感应场。根据形成机制和形态，地球变化磁场包括：太阳日变化、太阴日变化、磁暴、湾扰、钩扰、脉动等。

地球的基本磁场和变化磁场是叠加在一起的。因此对地磁场的观测就形成了绝对测量和相对测量。而对震磁效应的研究，也分成了利用绝对观测值（压磁效应、热磁效应等）和利用相对观测资料（感应磁效应）。

绝对测量是选在日变化相对平缓的时段测地磁场的绝对值，如每晚的九点，如在下午时段每周两次，并避开磁扰日。

相对测量要连续测出地磁场的相对变化。本书所述仅涉及相对观测。

2.1.1 地磁的绝对测量

地磁绝对测量测出下面三种地磁三分量。地磁场是矢量场，记为 H_T，它有三种表达方式。（1）在地理坐标系中的三个分量为：X、Y、Z，分别称为地磁场的北向强度、东向强度和垂直强度。在北半球，垂直强度向下为正值。在南半球，垂直强度向上为正。（2）Z、H、D 为 H_T 在柱状坐标系中的三个分量，H 为 H_T 在地理水平面上的投影，叫水平强度，它位于磁子午线的方向，指向磁北。H_T 所在地磁子午面与地理子午面的夹角，称为磁偏角 D，以向东为正，向西为负。（3）D、H、I 为 H_T 在球状坐标系中的三个分量。其中 I 表示 H_T 与水平面的夹角，称为磁倾角。所有这些要素的相互关系如图 2.1 所

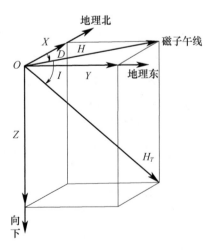

图 2.1　地磁各种分量的表达方式

6

示,并可用下面的公式表达:

$$X = H\cos D, Y = H\sin D, Z = H\tan I$$
$$H^2 = X^2 + Y^2, H_T^2 = H^2 + Z^2$$
$$H_T = H\sec I = Z\csc I$$
$$\tan D = Y/X$$

(2.1)

式中:H_T 是 $\boldsymbol{H}_T$ 的模,有时又记为 F,称为地磁总强度。绝对测量仪器过去都是机械式的,如偏角仪和地磁经纬仪。现在多用核子旋进磁力仪(测总强度 F)和分量仪(测 Z 和 H 分量)。目前台站使用 CTM-DI、GeoMag01、G856T 等,其中前两个是测量 D 和 I。G856T 是核旋仪,测量 F 和 Z,可以算出 H。还有准绝对测量仪器 FHD-2 是核旋仪,连续测量,1 分钟采取一组 F、H、D 数值。利用补偿测量方法(Nelson 方法)测量 H,利用偏置测量方法(Sensor 方法)测量 D。由于装置存在误差和长期漂移,所以需要校正。

2.1.2　地磁的相对测量

相对测量是测出叠加在绝对值之上、由于高空电流体系产生的磁场及其感应场,即实测的变化磁场。变化磁场测量的是变化量,可以用图 2.1 和式(2.1)中的各种符号表达,在本书中一般用 ΔZ、ΔH 与 ΔD 来表达,但都是在地磁坐标系中的变化。相对测量仪器过去台站都用机械式的磁秤和磁变仪,磁秤多用于物探,台站多用磁变仪。磁变仪为光记录,24 小时一张记录相纸,变化情况都反映在相纸上,称为磁照图。目前都是磁通门磁力仪和光泵磁力仪。我国地磁台站用的是 GM4 磁通门磁力仪和 FHDZ-M15 型磁通门磁力仪。M15 磁力仪是一个组合观测系统,包括一套 overhouse 测量 F,一套磁通门测量 H、D、Z。

2.2　日本中部异常

Rikitake(力武常次)等首先研究了 1949 年 8 月 3 日磁暴期间 ΔZ 与 ΔH 的关系 (Rikitake et al.,1953),Kakioka 和 Hermanus 两测点的结果都表明 ΔZ 与 ΔH 之间存在线性关系,见图 2.2。ΔZ、ΔH 与 ΔD 代表在设定的时间间隔内,在磁照图上量图所得的地磁场三个分量的变化幅度。图中的一个"点"代表一个事件,这里只用到 ΔZ、ΔH。

他们又研究了 1952 年 12 月 11 日的湾扰,量出了 12 个测点的 $\Delta Z/\Delta H$ 比值。图 2.3 中的黑色实心圆点是测点位置,黑色圆点旁边的数字是 $\Delta Z/\Delta H$ 比值。并据此画出了 $\Delta Z/\Delta H$ 等值线(黑色实线)。图 2.3 的右侧画出了部分测点变化磁场 Z 和 H 分量变化的示意图。可以看出,$\Delta Z/\Delta H$ 比值最大的是柿岗台(Kakioka,缩写 KA)和 AU(大概位于日本千叶)。

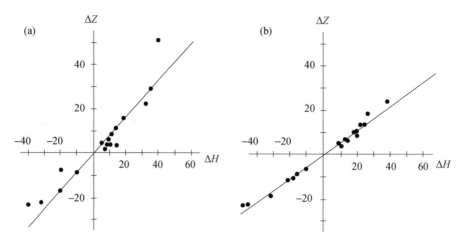

图 2.2　1949 年 3 月磁暴期间地磁短周期变化 ΔZ 与 ΔH 之间的线性关系

（a）Hermanus；（b）Kakioka

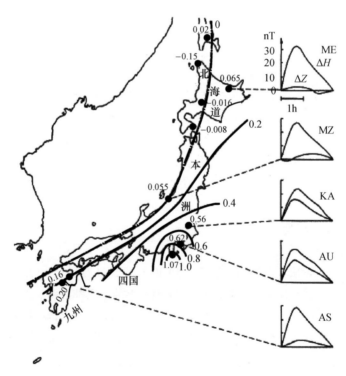

图 2.3　1952 年 12 月 11 日 23 时湾扰的 $\Delta Z/\Delta H$ 比值分布

及 Z 和 H 变化的示意图（Rikitake et al. ,1953）

2.3 德国北部异常

德国北部异常最初是 Wiese(1954,1962a,1962b)发现,但我们的图引自 Kertz(1964)。

图 2.4 的中间图标明了测点的位置。左侧图是西部剖面上三个分量的变化曲线(从北向南依次是 Jui、Leer、Han、Ehr、Wba);右侧图是东部测线上三个分量的变化曲线(依次是 Len、Ebs、Fal、Gt、Wil、Bib)。可以看出,各测点 D 和 H 的变化比较一致,尽管幅度有些差别。但 Z 的变化幅度和相位差别很大,甚至反向。东、西两个剖面上的情况皆如此。西边最突出的是 Jui、Leer(第 1、2 条)与 Han(第 3 条)之间 Z 分量的反向;东边最突出的是 Fal(第 3 条)与 Gt、Wil(第 4、5 条)之间 Z 分量的变化反向。说明在这个地区存在一条近东西向的分界线,在此分界线以北和以南的 Z 分量反向。水平分量 H 和 D 的变化幅度也不完全相同,东西两剖面皆表现为北部测点的 H 和 D 的变化相对要大些。

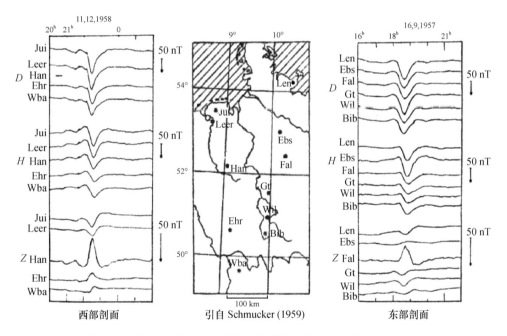

图 2.4 德国北部异常:磁照图上的湾扰及测点位置(Kertz,1964)

除开周期较长的湾扰,还可以看出地磁脉动的分布异常,如图 2.5 所示。4 个测点从西南向东北依次为 Gt、Shn、Clt、Wn。可看出,H 和 D 分量各测点的相位较一致,幅度有些差别。Z 分量的 Shn(第 2 条)与 Clt(第 3 条)之间相位相差很大,几乎反向。也可以看出,北部 H 及 D 的变化要比南部的大些。

9

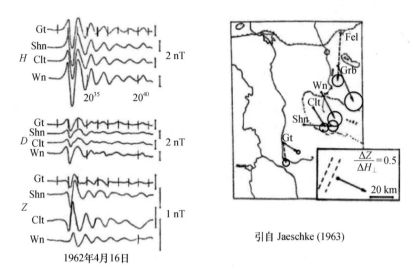

引自 Jaeschke (1963)

图 2.5　德国 Gottingen(哥廷根)附近 4 个测点记录的地磁脉动所表现的
地方性差异及台站位置

（箭头表示 Z 变化最强时 H 分量的方向,箭头的长度＝$\Delta Z/\Delta H_\perp$）

2.4　意大利半岛 9 个测点的 $\Delta Z/\Delta H$ 比值及 Z 变化异常

从图 2.6 看到,各测点的 $\Delta Z/\Delta H$ 均值差别很大。在陆地上的比值都比较小,M. Capellino(Cp)、L'Aquila(Aq)最小为0.1。其次是 Vesuvio(Ve)为 0.2。最大的是 Ponza(Pa)为－1.0,是海岛。其次是Capri(Cr)为 0.6。Capri、Sabaudia(Sa)和Ravello(Ra)靠海岸,分别为 0.6、0.5 和0.4。北边有 2 个测点 Frontone(Fr)和Corinaldo(Co)为负值－0.3。靠海岸的三个点(Sa、Cr、Ra)与海岛点 Pa 相近,但取值相反,表明这里可能有一个电性的分界线,也许是一电流通道。

Fr、Aq、Cr 三测点大体在一个经度上。从图 2.7 可以看出,Z 分量的异常清晰可见。三个例子中,H、D 分量的变化相

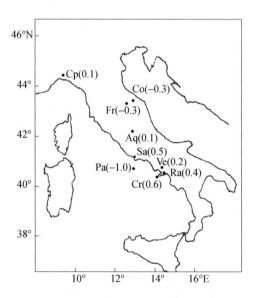

图 2.6　在意大利半岛上地磁测点的分布及所算出的 $\Delta Z/\Delta H$ 均值(Simeon et al. ,1964)

（图中大概标出测点所在位置）

当一致,但三个测点 Z 分量的变化则完全不同。Cr 和 Fr 的相位相反。

图 2.8 进一步验证了图 2.6 中给出的比值,Ponza(Pa)测点 H 和 Z 分量的急始变化幅度很接近,$\Delta Z/\Delta H$ 接近 1.0,同时图 2.8 中 Pa 箭头与向下方向的夹角接近 45°,也表明该测点 H 与 Z 急始变化的幅度相近。

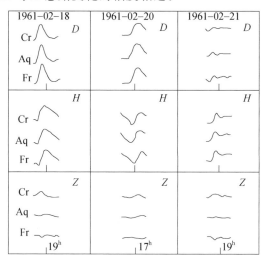

图 2.7　在 Capri(Cr)、L'Aquila(Aq)和 Frontone(Fr)
同时记录的地磁短周期扰动例子(Simeon et al.,1964)

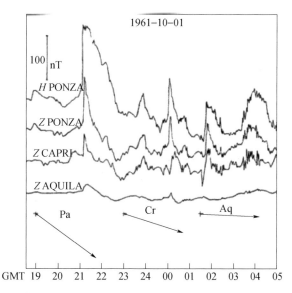

图 2.8　Ponza(Pa)台 H 和 Z 分量的比较,Capri(Cr)和 L'Aquila(Aq)台仅画出了 Z 分量,
箭头表示 S.S.C.(磁暴急始)的 H-Z 关系(Simeon et al.,1964)

注:在图 2.6 中,Pa 为(−1.0),但图 2.8 中,H 和 Z 的急始却是同方向。也许画图时为了方便,只注意了变化幅度,没关注方向?

2.5 澳大利亚南部的台阵研究

图 2.9 是台阵各测点的位置。图 2.10 和图 2.11 是两个事件三个分量的变化曲线。可以看出,各测点东西分量和北向分量的变化基本一致,但各测点的垂直分量却有很大不同。

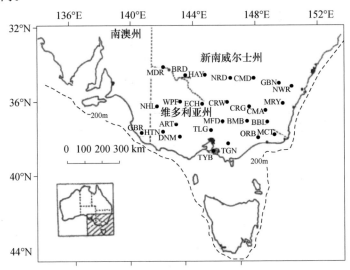

图 2.9　在新南威尔士州的试验台阵(Lilley et al. ,1972)

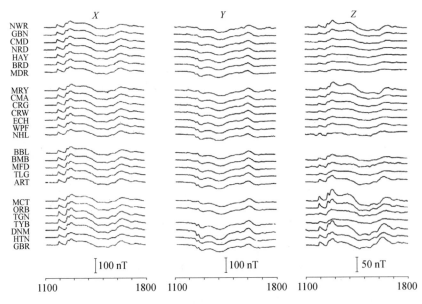

图 2.10　1971 年 3 月 19 日事件的变化曲线(Lilley et al. ,1972)

(图下面分别给出 X(南北)、Y(东西)、Z(垂直)分量的标尺,分别为 100 nT、100 nT、50 nT)

图 2.10 和 2.11 给出了四组 X、Y、Z 的变化曲线。图 2.9 中的地名与图 2.10 左边的地名对应,图 2.9 横着从左到右共 4 排,最上面一排 7 个地名,对应图 2.10 中最上面一组(地名从下到上)。Z 分量变化相对最大的是最下面那组。测点 MCT、ORB 在澳大利亚海岸线的东南角,DNM、HTN、GBR 在海岸线的西南角,表明这几个点的空间分布异常与测点靠近海岸有关。

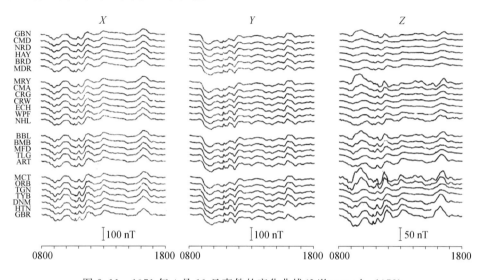

图 2.11　1971 年 4 月 11 日事件的变化曲线(Lilley et al. ,1972)

图 2.2~图 2.11 的例子涉及湾扰、脉动、磁暴急始、类急始以及孤立的和连续的扰动等典型变化,我们将其称为"地磁短周期事件"。以上图形都显示了明显的地磁短周期变化的空间分布异常。

2.6　渤海沿岸 ΔZ 分布异常及上地幔高导层隆起

由图 2.2、2.4、2.5、2.7、2.8、2.10、2.11 可以看出,各台站间差别较大的是垂直分量,各台站间的水平分量差别不是很明显。因此早先的研究者多采用 ΔZ 或 $\Delta Z/\Delta H$ 或 $\Delta Z/\Delta D$ 作为参量来分析地下的电性,以及研究它们的时间变化以探寻地震前兆。过去记录地球磁场用的是磁变仪,偏角 D 记录的是"分",表现在磁照图上变化比较小,对量图方法而言,H 的变化比较显著,因此用得多的是 $\Delta Z/\Delta H$。这方面的例子如:Rikitake 等(1955)、Rikitake(1961)研究日本东部沿海的短周期变化异常,用的就是湾扰 Z 分量的变化幅度 ΔZ。祁贵仲等(1981)对渤海沿岸电性异常的分析,也是用 ΔZ 的分布,并做了理论计算。各测点三个分量的变化如图 2.12 所示,这里 D 分量已经换算成 nT。

13

这里，我们将原文（祁贵仲等，1981）中的图4和图7合并，以便能更好地看出问题。图2.13中，粗虚线长方形为地下高导层隆起在地表的投影。可能是因为南边的数据不够多，作者只给出了北侧的理论等值线。其实按高导层隆起区的形状，南侧也应有相应的理论等值线分布，而且南边的等值线应该与北边是对称的。可是，实际上南边 $\overline{\Delta Z}$ 的取值与北边并不完全对称。表明这种简单模型的理论计算有不足之处，包括在引入帕金森矢量概念之前，前面提到的一些 ΔZ 分布异常以及作者相应所做的类似的理论计算。

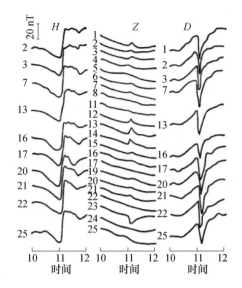

图2.12　1979年2月18日磁暴急始变化
（测点编号为：1—大连；2—沈阳；3—朝阳；4—承德；5—沙城；6—小汤山；7—北京；8—房山；9—密云；10—通县；11—西集；12—宝坻；13—昌黎；14—宁河；15—塘沽；16—青光；17—静海；18—徐庄子；19—霸县；20—沧州；21—红山；22—德州；23—烟台；24—潍坊；25—泰安；时间为北京时）

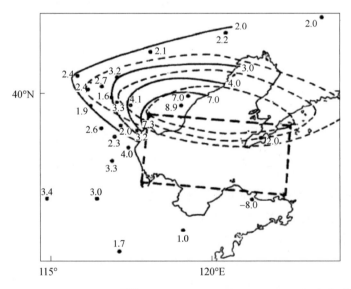

图2.13　渤海周围急始型变化 $\overline{\Delta Z}$ 的分布及高导层隆起区示意图（祁贵仲 等，1981）
（实线表示实测的 $\overline{\Delta Z}$ 等值线；虚线表示计算的 ΔZ 理论等值线；实心圆点代表测点位置，旁边的数字代表 $\overline{\Delta Z}$，为几个事件 ΔZ 的平均值，单位为 nT）

第3章　地磁变化优势面及帕金森矢量

3.1　对快速地磁扰动方向的研究及优势面

最初发现的快速地磁扰动的形态异常,如有名的欧洲中部(Wiese,1954)和日本中部(Rikitake et al.,1953)异常,都表明相距很近的台站间有时地磁短周期变化的垂直分量上有很大的差别,甚至方向相反;但水平分量 H、D 的差别不明显。怎样解释这些现象? 怎样解释它与地壳电性的不规则性的关系? 这在当时是一个需要深入研究的课题。Parkinson(1959)分析了最初发现的地磁变化形态异常,为探索问题的解释而研究了"快速地磁变化的方向"。

3.1.1　快速地磁变化矢量方向的平面表示法及优势面概念

地磁台站记录的地球变化磁场含有许多成分,有变化缓慢的日变化,还有其他快速变化源引起的湾扰、钩扰、磁暴、脉动等快速变化,这些快速变化是叠加在缓慢变化之上的。因此,研究快速地磁变化的特点和规律,就要分离出叠加在缓慢变化之上的快速变化成分。为此,首先要选择快速变化磁场的形态,并求出一个时刻与另一时刻之间的矢量差,我们称它为差矢量。这个差矢量即是快速地磁变化矢量,它才是叠加在缓慢变化之上的快速变化。根据矢量场的原理,差矢量可以用在 $t1$ 和 $t2$ 这两个时刻之间($\Delta t = t1 - t2$)三个分量的差值来表达,即用(ΔZ、ΔH、ΔD)表达。这里,ΔD 要从"分"换算成 nT(拉特,又称伽玛),即要乘以 $k = H_o/3438$。H_o 是该年度水平强度的平均绝对值,而 1/3438 则是 1"分"所对应的弧度,也是 1 分的 Sin 值。

按电磁感应的规律,由施加的变化磁场感生的磁场磁力线应趋向平行于导电体的界面。依据此原理推测,快速变化的磁场矢量(差矢量)是否可能有被限定在某一平面的趋势? 为求证这一点,Parkinson 研究了快速地磁扰动的方向。其方向用 θ 和它的磁方位角 ϕ 来表达。θ 是差矢量与垂直向上方向的夹角,在南半球,垂直分量向上为正。注意,差矢量的磁方位角 ϕ 不是地理方位角,它指与磁北方向的夹角。θ 和 ϕ 的表达式为:

$$\tan\phi = \Delta D/\Delta H$$
$$\tan\theta = (\Delta H^2 + \Delta D^2)^{1/2}/\Delta Z \tag{3.1}$$

将 θ 和 ϕ 表示在极坐标图上,如图 3.1 所示。θ 的长度是这样规定的:要使 p 点所画的圆的面积正比于单位球面上与 θ 对应的球面面积。在向下的圆中,应画出与向下方向的夹角,因而角度是 $\pi-\theta$。

在选好快速扰动事件后,Parkinson(1959)选用的时间间隔 Δt 为 20 分钟。每一组数 $(\Delta Z \,\text{、}\, \Delta H \,\text{、}\, \Delta D)$ 都可算出 θ 和 ϕ,将其对应的 P 和 Q 点画在图 3.1 右边的图上,图 3.1 的左边是 $P(Q)$ 点画法的示意图。P 点实际是差矢量与向上的单位球面的交点,Q 点则是与向下的单位球面的交点。这里只是用平面的形式来表达差矢量的方向,在看图时,要想象差矢量在球坐标中的分布。图 3.2 是 Valentia(瓦伦西亚)台的结果,可以看出差矢量有限定在一个平面上的趋势。Parkinson(1959,1962)称这些差矢量所趋向的平面为快速地磁变化矢量的"优势面"(preferred plane)。图 3.1 右边是 Alice Springs(艾丽斯斯普林斯)的结果,它的 $P(Q)$ 点完全分布在圆周附近,并且四个象限都有分布,它的优势面的倾角近于零。这也与该台处于澳大利亚中部的地理位置有关。

快速地磁变化的优势面是通过圆心的,每个快速地磁变化矢量的方向则是从圆心到 P 点的方向,从图可

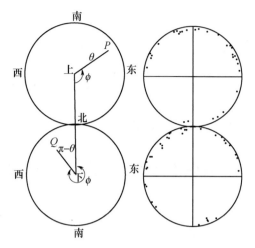

图 3.1　左图:快速地磁变化矢量方向的
极坐标表示法;
右图:Alice Springs(艾丽斯斯普林斯)的
P 和 Q 点分布(Parkinson,1959)

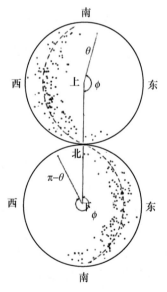

图 3.2　快速地磁变化矢量的极坐标表示法
Valentia(瓦伦西亚)台地磁变化矢量的方向
(Parkinson,1962;龚绍京 等,1989a)

见,显然它有趋向一个平面的趋势。一个与水平面有一定夹角的平面上的所有矢量与单位球面的交点,表示在图 3.1、图 3.2 上应呈弧形,它就是优势面与单位球面相交的大圆,称为优势圆(preferred circle)。此弧(优势圆)与圆周的两个交点的 θ 是 90°。在图

3.2 的上图中,θ 最小处在两个交点的正中间,记为 θ_{min},并以度数表示。$90°-\theta_{min}$ 就是该优势面倾角。在图 3.2 的下图中,θ 最小处的方位角反映优势面的倾向。

3.1.2 澳大利亚六个台的优势面

为用较多的资料验证优势面的存在,Parkinson(1959)处理了澳大利亚 6 个台站的资料,见图 3.1 和图 3.3~3.6。

Darwin(达尔文)、Watheroo(沃瑟鲁)和 Gnangara(格朗加拉)三个台站都在澳大利亚的西边,它们的优势面相当陡,几乎都朝东向下倾斜。其中 Darwin(达尔文)台的倾向有点偏南,这与它的地理位置有关,优势面的倾角大约是 30°,倾向约是 105°。Watheroo(沃瑟鲁)和 Gnangara(格朗加拉)两个台靠得比较近,处于澳大利亚的西南角,倾斜情况差不多,稍微有点偏北。Watheroo 台的 20 分钟地磁变化矢量

图 3.3 澳大利亚台站的位置
(Parkinson,1959)

优势面向北东东方向朝下倾斜,倾角大约是 27°,倾向约是 75°。Watheroo 台 60 分钟的优势面与 20 分钟的差不多,但倾角似乎稍大点(图 3.5)。

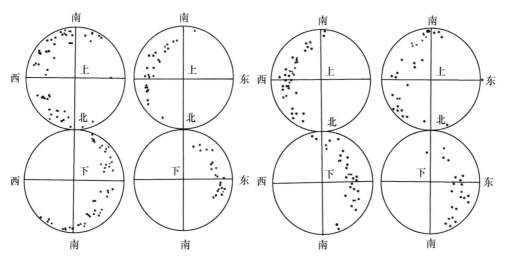

图 3.4 Darwin(达尔文,左)和 Gnangara
(格朗加拉,右)台的优势面

图 3.5 Watheroo(沃瑟鲁)台 20 分钟(左)和
60 分钟(右)的优势面(可以看出,60 分钟的
倾角要稍大些)

Toolangi(图朗吉)台位于澳大利亚东南角,由图 3.6 中可以看到它的优势面倾角几乎为零,北部边缘稍微有点朝下倾斜。Macquarie Island(麦夸里岛)台的 $P(Q)$ 点分布十分分散紊乱,不存在优势面。该岛靠近南极,在极区由于太阳粒子流进入地球大气层后冲击南北极,地磁场十分不规则,地磁扰动不能遵从准均匀的假设。

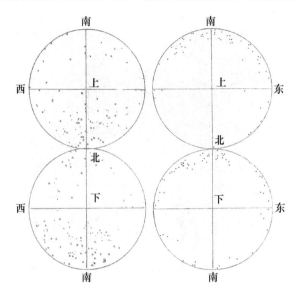

图 3.6 左图:Macquarie Island(麦夸里岛)台的 $P(Q)$ 点分布(".."代表磁静日,"×"代表磁扰日);右图:Toolangi(图朗吉)台的地磁变化矢量 $P(Q)$ 点的分布

3.1.3 广州及琼中的优势面

我们对广州和琼中台的研究也证实了优势面的存在。可以看出,广州和琼中台优势面的倾向基本是朝北的,广州有点偏西,琼中有点偏东。广州台的优势面倾向是北北西,约为 $-18°$,倾角大约是 $10°$。琼中台的优势面向北略偏东方向倾斜,约为 $10°$,倾角大约为 $20°$。优势面表明电导率分界面的产状(倾向、倾角)。这里广州台优势面的倾向正好与海岸线总的走向吻合。

图 3.7 的画法与澳大利亚六个台的画法有些不同,上、下的位置都与图 3.1、

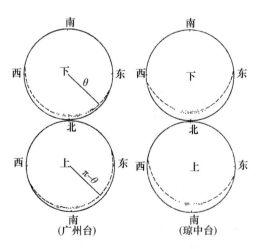

图 3.7 广州、琼中台地磁变化矢量的方向及其优势面(龚绍京,1987)

3.2、3.4、3.5、3.6 相反。这是因为中国在北半球而澳大利亚在南半球。

> 走向:断层面与水平面的交线叫走向线,走向线指示的地理方位角(与地理北沿顺时针方向的夹角)叫走向。
>
> 倾向:断层面上与走向线相垂直的线叫倾斜线或真倾斜线,它在水平面上的投影所指的沿断层面向下倾斜的方位即为断层的倾向。
>
> 倾角:岩层层面上的真倾斜线与其在水平面上投影线的夹角叫倾角。它表示在垂直断层面走向的直立剖面上该层面与水平面间的夹角。

按照最初的设想,优势面的产状反映地下导体界面的产状。当台站靠近海岸时,地下电性的分界面比较明显,优势面反映导体界面的产状。如果地下的导电性不存在明显的分界面,那我们可以认为优势面所反映的是一个"虚拟的界面",它表达的是地下电性的横向不均匀性。而优势面的倾角为零,如 Alice Springs(艾丽斯斯普林斯)和 Toolangi(图朗吉),则说明地下的介质是水平分层的。

3.2　帕金森矢量及威斯矢量

3.2.1　帕金森矢量

对快速地磁扰动方向的研究表明,地磁变化矢量的优势面确实存在。按上述电磁感应的原理,这说明某些地点地壳的电性可能有一个分界面,或者存在横向不均匀性。Darwin(达尔文)、Watheroo(沃瑟鲁)和 Gnangara(格朗加拉)三个台站都靠近海洋,存在电性的分界面。它们优势面的倾向是背离海洋的。基于对优势面特点的分析,Parkinson(1962)提出了帕金森矢量的概念。

Parkinson(1962)定义:**优势面的指向地下的单位法线矢量的水平投影为帕金森矢量**。这样定义的帕金森矢量指示出优势面的产状:帕金森矢量的方向与优势面的倾向相反,它的大小反映优势面的倾斜程度。若地下电性不均匀,则帕金森矢量应垂直于地下导体界面(或虚拟电性界面)的走向并指向电导率高的一方。以达尔文台站为例,它的优势面朝南东东方向倾斜。它的优势面的"指向地下的法线矢量"指向北西西方向,也就是与优势面的倾向相反的方向,倾向约为 $105°$,帕金森矢量的方位角就大约是 $-75°$,正好指向达尔文西北边的海洋。帕金森矢量的长度 L 为单位法线矢量的水平投影,所以小于 1。优势面的倾角 I 是 $30°$,则法线矢量的倾角就是 $60°$,它的水平投影为:$\cos(\pi/2-I)=\sin I$,所以达尔文的帕金森矢量长度应该约为 $L=\sin(\pi/6)=0.5$。

Alice Springs(艾丽斯斯普林斯)的优势面是水平的,倾角近于 $0°$,说明地下的电性是水平分层的。

图 3.8 中，$EFGH$ 为优势面，EF 为该面与水平面 $ABCD$ 的交线，也是该优势面的走向线。$\overrightarrow{OQ}$ 为优势面的法线矢量。按定义，指向地下的单位法线矢量的水平投影为帕金森矢量。那么 $\overrightarrow{QO}$ 才是指向地下的法线矢量，它的水平投影指示帕金森矢量的方向。由图看出，帕金森矢量确实表示优势面的产状：帕金森矢量垂直于优势面的走向，它的反向矢量指示优势面的倾向，矢量的大小反映优势面的倾斜程度。若地下导电性不均匀，则帕金森矢量应垂

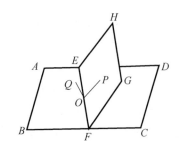

图 3.8　帕金森矢量与优势面的关系
（龚绍京，1987）

直于地下导体界面的走向并指向电导率高的一方。若无明显的界面，则帕金森矢量也大体反映了地下电性的横向不均匀性，并指向电导率高的一方。

法线上 $\overrightarrow{OQ}$ 矢量与优势面上的所有矢量 $\overrightarrow{OP}$ 都正交。设趋向于优势面的所有差矢量的三个分量为 $(\Delta H_i, \Delta D_i, \Delta Z_i,)$，向下的法线方向的矢量为 $\overrightarrow{QO}$。在南半球，垂直分量以向上为正，则可取一段 $\overrightarrow{QO}$ 矢量的长度为 $\sqrt{a^2+b^2+1}$，即它的三个分量为 $(a,b,-1)$，a、b 为待定参数。由于正交关系，两个正交矢量点乘的积为零，于是有：

$$a \cdot \Delta H_i + b \cdot \Delta D_i + (-1) \cdot \Delta Z_i = 0 \tag{3.2}$$

改变形式可写成：

$$\Delta Z_i = a \cdot \Delta H_i + b \cdot \Delta D_i \tag{3.3}$$

这就是著名的求帕金森矢量的公式。有人称 a、b 为转换函数，但是这并不是按数学和控制论中定义的严格意义的转换函数，为了与以后求的转换函数相区别，还是称它们为**帕金森矢量系数**较好。

帕金森矢量的磁方位角（与磁北方向的夹角）φ、优势面的倾角 I 以及帕金森矢量长度 L 用下面的公式表示（Yanagihara，1972；龚绍京，1987）：

$$\begin{aligned}
\varphi &= \tan^{-1}(b/a) \\
I &= \tan^{-1}(a^2+b^2)^{1/2} \\
L &= \cos(\pi/2-I) = \sin I
\end{aligned} \tag{3.4}$$

因为向下的法线矢量的北向分量设为 a、东向分量（地磁坐标）设为 b。在南半球，向下的法线矢量的垂直分量设为 -1。法线矢量与水平面的夹角为 $\pi/2-I$，I 代表优势面的倾角，则：$\cot\left(\dfrac{\pi}{2}-I\right)=\dfrac{\sqrt{a^2+b^2}}{1}$。这里"1"代表 $(a,b,-1)$ 中的垂直方向的取值为"1"，从而得式(3.4)。

在北半球，垂直分量以向下为正，这时式(3.3)表达的就是差矢量与向上的法线

上的 $\overrightarrow{OQ}$ 矢量的正交关系。为了不改变帕金森矢量和本节上述所有表达式的定义，在北半球帕金森矢量的方位角应是从磁南右旋的角度。

3.2.2　威斯矢量

威斯矢量(Wiese,1962a,1962b)又称感应矢量。Wiese 的量图方法与帕金森不一样，Parkinson 是从时间的整点或半点开始量图，Δt 取固定的 20 分钟或其他固定值。而威斯矢量按 Z 变化的极大、极小位置量图。ΔH、ΔD 的起、止时刻与 $\Delta Z_{\text{极}}$ 相同。设威斯矢量的北向分量是 a，东向分量是 b，由于 Wiese 处理的是北半球的资料，垂直分量以向下为正，故 $(a,b,-1)$ 代表的是法线向上的 $\overrightarrow{OQ}$ 矢量。用向上的法线矢量与地磁变化优势面正交的原理求得：

$$\Delta Z_{\text{极}} = a\Delta H + b\Delta D \tag{3.5}$$

因此，威斯矢量的方向与帕金森矢量相反，它背离电导率高的方向。Wiese 没有定义感应矢量是"单位法线矢量的水平投影"，仅是"法线矢量的水平投影"，并定义威斯矢量的北向分量是 a，东向分量是 b，因此威斯矢量的长度为 $C=(a^2+b^2)^{1/2}$。设扰动矢量在威斯矢量箭头所指的 ϑ 方向上有水平分量 ΔH_ϑ，则威斯矢量的长度也可定义为：$\Delta Z/\Delta H_\vartheta$。当导电体界面很陡时，威斯矢量可以大于 1。威斯矢量的求法如图 3.9 所示。

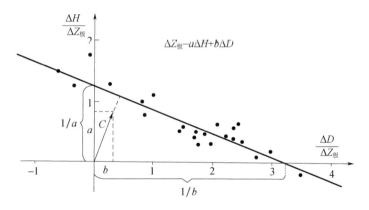

图 3.9　确定感应矢量 C 的图解方法(Wiese,1962)

3.2.3　帕金森矢量系数的计算公式

求帕金森矢量系数 a、b，需要利用一系列量图得到的 ΔH_i、ΔD_i、ΔZ_i 值，用回归分析方法求取(中国科学院数学研究所数理统计组,1974)。有些文章将二元回归问题转换成求一元回归直线问题，例如图 3.9、3.10、4.9、4.11 的例子。大多数情况都是将式(3.3)两边同除以 ΔH 或 ΔD。许多学者(Rikitake、Miyakoshi 等)和我们最初也是这样做的。图 3.10 是等式两边同除以 ΔH 的情况。图的右边列出了三个台站

的 a、b 估计值及估计误差 σ_a、σ_b 及相关系数 R_1、R_2。在将二元回归转换成一元回归时,遇到了 b 接近于零的情况,因而相关系数趋近于零,达不到"线性回归直线"成立的相关系数的起码值。为解决此难题,设了两个相关系数 R_1、R_2。下面将具体阐明之。

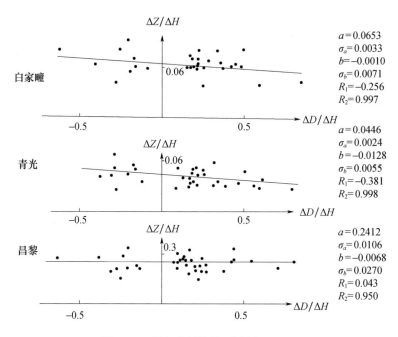

图 3.10 回归分析结果(龚绍京,1986)

然而,后来的事实表明,用同样的数据,一元回归和二元回归算出来的结果是有差别的。只有当数据量足够大且数据质量比较好时,两种算法的结果才比较接近。

令 $X = \Delta D/\Delta H$,$Y = \Delta Z/\Delta H$。则式(3.3)变成:$Y_i = a + b \cdot X_i$。系数 a、b 可用下面公式求得:

$$b = \frac{L_{xy}}{L_{xx}}; \quad a = \overline{Y} - b \cdot \overline{X} \tag{3.6}$$

式中,$L_{xx} = \sum (X_i - \overline{X})^2$,$L_{xy} = \sum (X_i - \overline{X})(Y_i - \overline{Y})$。

X_i 与 Y_i 之间的相关系数为:

$$R = \frac{L_{xy}}{(L_{xx} L_{yy})^{1/2}} \tag{3.7}$$

表征回归直线精度的剩余标准离差 S 为:

$$S = \left(\frac{L_{yy} - L_{xy} \cdot b}{n-2} \right)^{1/2} = \left(\frac{(1-R^2) \cdot L_{xy}}{n-2} \right)^{1/2}$$

式中,$L_{yy} = \sum (Y_i - \overline{Y})^2$。

a 和 b 的误差为：

$$\sigma_b = \frac{S}{\sqrt{L_{xx}}}$$

$$\sigma_a = S \cdot \sqrt{\frac{1}{n} + \frac{\overline{X^2}}{L_{xx}}} \tag{3.8}$$

按一元回归分析概念，对给定的样本数 n，R 必须大于相关系数检验表中相关系数的起码值，才能认为 X_i 和 Y_i 之间存在线性关系，a、b 才有意义（中国科学院计算中心概率统计组，1979）。从图 3.10 看出，这里遇到了一般数理统计书中未曾提及的特殊情况：观测点 (X_i,Y_i) 沿大体平行于 X 轴的直线分布，此时虽然存在回归直线，但 $b \to 0$，因而 $R \to 0$，相关系数不大于表中的起码值。但就系数 a、b 的物理意义而言，此种 $b \to 0$ 的情况是有意义的，表明帕金森矢量大体指向南北。那么当 $b \to 0$ 时，如何验证 X_i 和 Y_i 之间的相关性是否成立呢？为解决此难题，将直角坐标旋转 $-45°$，(X_i,Y_i) 在新坐标系中的值为 (X'_i,Y'_i)，即：$X'_i = 0.707(X_i - Y_i)$；$Y'_i = 0.707(X_i + Y_i)$。定义 (X_i,Y_i) 求出的相关系数为 R_1，(X'_i,Y'_i) 求出的相关系数为 R_2，它们之中只要有一个大于相关系数检验表中的起码值，就认为存在回归直线，a、b 是有意义的。图 3.10 的右边，R_1 比较小，只有 0.1～0.3，但 R_2 比较大，约为 0.95。证明回归直线成立（中国科学院数学研究所数理统计组，1973）。

若系数 a、b 用二元回归分析求取，则用下列公式：

$$a = (L_{22}L_{10} - L_{12}L_{20})/(L_{22}L_{11} - L_{12}L_{21})$$
$$b = (L_{11}L_{20} - L_{21}L_{10})/(L_{22}L_{11} - L_{12}L_{21}) \tag{3.9}$$

式中，$L_{11} = \sum\limits_j \Delta H_j^2$，$L_{22} = \sum\limits_j \Delta D_j^2$，$L_{12} = L_{21} = \sum\limits_j \Delta H_j \Delta D_j$，$L_{10} = \sum\limits_j \Delta H_j \Delta Z_j$，$L_{20} = \sum\limits_j \Delta D_j \Delta Z_j$。

系数 a、b 的误差 σ_a、σ_b 由下式求得，令：

$$E = \Delta Z - a\Delta H - b\Delta D$$
$$p = (L_{22} \cdot \Delta H - L_{12} \cdot \Delta D)/(L_{22}L_{11} - L_{12}L_{21})$$
$$q = (L_{11} \cdot \Delta D - L_{21}\Delta H)/(L_{22}L_{11} - L_{12}L_{21})$$

则：

$$\sigma_a = \left[\frac{n-1}{n-2}\sum(p \cdot E)^2\right]^{1/2}$$

$$\sigma_b = \left[\frac{n-1}{n-2}\sum(q \cdot E)^2\right]^{1/2} \tag{3.10}$$

由误差的传递原理，推导出帕金森矢量方位角 φ、优势面倾角 I 和帕金森矢量长度 L 的误差公式如下（龚绍京，1987）：

$$\sigma_{\varphi} = \left| \frac{b\sigma_a}{(a^2+b^2)} \right| + \left| \frac{\sigma_b}{a\left(1+\dfrac{b^2}{a^2}\right)} \right|$$

(3.11)

$$\sigma_l = (\,|\,a\sigma_a\,| + |\,b\sigma_b\,|\,)/[(1+a^2+b^2)(a^2+b^2)^{1/2}]$$

$$\sigma_L = \cos I \cdot \sigma_l$$

3.2.4 量图得到的几种短周期变化参量的比较

由上面的叙述得知,用量图方法得到的短周期变化参量有:$\overline{\Delta Z_i}$、$\overline{\Delta Z_i/\Delta H_i}$、$\overline{\Delta Z_i/\Delta D_i}$、$a$、$b$。图 2.13 中,$\overline{\Delta Z_i}$ 的下标 i 代表不同台站,$\overline{\Delta Z_i}$ 代表不同台站同一批事件的量图平均结果,只有许多台站的同一批事件对比才对研究电性结构有意义。总的说来,即使是研究地磁快速扰动的分布异常,用比值 $\overline{\Delta Z_i/\Delta H_i}$ 也比单独用 $\overline{\Delta Z_i}$ 强。因为不同事件的 ΔZ 值不一样,有时差别很大,平均值的意义不大明确。一般来说,$\Delta Z/\Delta H$ 和 $\Delta Z/\Delta D$ 对同一台站的不同事件,这些比值有大体一定的取值,因而取得的平均值可以反映该测点的特征。另外,还有用两个台站的比值:$\overline{\Delta H_i/\Delta H_j}$ 和 $\overline{\Delta D_i/\Delta D_j}$,这里下标 i 和 j 分别代表不同台站,$\overline{\Delta H_i/\Delta H_j}$ 和 $\overline{\Delta D_i/\Delta D_j}$ 代表 i 台站和 j 台站许多事件量图结果的平均比值。对研究电性结构,一般而言,由于不同台站水平分量差别不大,这两个参量似乎没有多大意义。有学者利用它们来探寻地震异常,本书第 4.2.3 节将要述及。

对短周期变化参量的利用有一个由简单到复杂、到较为合理的过程。由上面的叙述知道,优势面和帕金森矢量是有倾角、倾向和方位角及矢量长度的。当 b 近于零而 a 比较大时,也就是帕金森矢量基本指向南北方向时,$\overline{\Delta Z_i/\Delta H_i}$ 与 a 比较接近;当 a 近于零时而 b 比较大,也就是帕金森矢量基本指向东西方向时,$\overline{\Delta Z_i/\Delta D_i}$ 与 b 值较接近。如果帕金森矢量与磁北方向有较大的夹角,如 $30°\sim60°$,那么用比值就不是很好。因此,可以说比值的物理意义不如帕金森矢量明确。

3.3 帕金森矢量在电性结构方面的研究成果

在 20 世纪 60—70 年代的国际上地幔计划中,对电性结构的研究取得了许多成果,发现了帕金森(威斯)矢量的三个效应:内陆异常、海岸效应和电流通道(龚绍京,1986;龚绍京 等1989a;卢振恒和龚绍京,1987)。图 3.11、图 3.12 是内陆异常的典型例子,它表示了威斯矢量在凹陷区的分布。图 3.13 是电流通道的典型例子,在横跨莱茵地堑的剖面上,威斯矢量向外发散,表明莱因河水流动的电流通道效应。图 3.15、图 3.16 则是海岸效应的典型例子。

3.3.1 欧洲中部和南部的电导率异常

(1)德国北部异常

图 3.11 显示出重要的特点:①图中大体东西向的粗虚线为构造的分界线,粗虚

线北边的感应矢量基本指向北,南边的矢量基本指向南;②在粗虚线东端所抵达的波兰地区,这种特征消失,它的更详细研究见图 3.12;③特大的感应矢量出现在汉诺威西南地区,靠近德意志盆地的南缘,似乎与该地局部的构造有关。

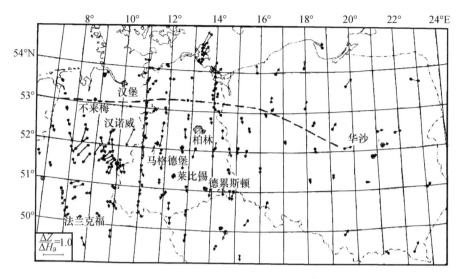

图 3.11　德国北部异常——根据湾扰及类湾扰得到的感应矢量分布

(Untiedt,1970;卢振恒和龚绍京,1987)

(2)波兰的感应矢量分布

图 3.12 中呈现出大致呈北西—南东走向的凹陷构造,凹陷轴部附近的基底面深度达 6~7 千米。感应矢量一般垂直于等深度线,并且其指向背离凹陷轴。

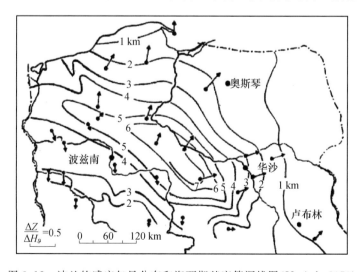

图 3.12　波兰的感应矢量分布和海西期基底等深线图(Untiedt,1970)

25

（3）莱茵地堑

图 3.13 的左图表示沿莱茵地堑感应矢量的分布，右图是对该地电性结构的解释。电导率分布用一个埋藏在围岩中的良导体来表示。感应矢量都背离莱茵地堑，但都有点指向南，这或许与一个更大的构造背景（巴伐利亚莫拉斯向斜）有关，是地堑异常与大背景异常的叠加。

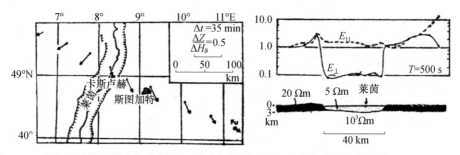

图 3.13　在南日耳曼雷诺地堑横剖面上的感应矢量（左图）和电导率（右图）分布（Untiedt，1970）

3.3.2　美国西南部的帕金森矢量分布（Schmucker，1964）

Schmucker（1964）在美国西南部布设了许多测点，图 3.14 画出其中 6 个测点 D、H、Z 三个分量的变化曲线。D、H 分量的变化基本一致，但 Z 分量的变化差别很大，甚至反向。可以看出，从东到西依次为 TU、LOR、LAC、COR、CAR、SWE，这 6 个测点基本在同一纬度线上，仅 COR 靠南一点。

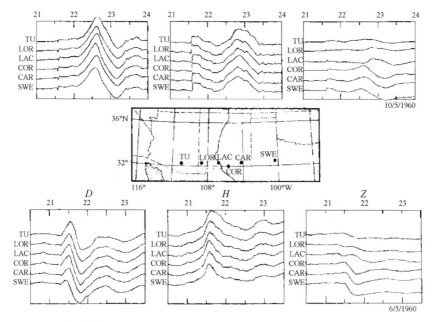

图 3.14　在美国西南部某些测点记录的两个湾扰，其中上图（1960 年 5 月 10 日）有一个地磁急始

图 3.15 是许多测点资料画出的帕金森矢量的分布。可以看出,帕金森矢量垂直于海岸线的走向,并且愈靠近海岸,帕金森矢量的长度愈大。

3.3.3　世界地图上的海岸效应

图 3.16 的海岸效应特征也很明显。最大的是 Ay(Albany),$L = 0.87$,位于澳大利亚的西南端。图中各测点对应的矢量值列于表 3.1(注:由于文献中的原图不

图 3.15　美国加利福尼亚中南部湾扰资料的帕金森矢量分布($\Delta t = 1$ 小时)(Schmucker,1964)

是很清晰,图 3.16 是根据表 3.1 中的值由刘双庆同志重新绘制,有些地方不是很准确,因此又列出表 3.1)。

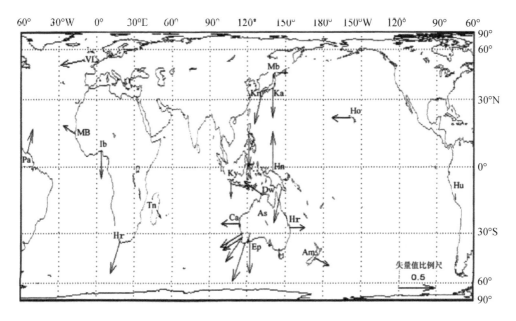

图 3.16　帕金森矢量的海洋效应(引自 Parkinson,1962;"kn"引自陈伯舫,2003)

表 3.1　图 3.16 中各台站的经纬度及帕金森矢量参数(Parkinson,1962)

代号	台站	纬度	经度	方向	倾角 I	数量	年份	分散度	矢量长度 L
Vl	Valentia	52°N	10°W	W	40°	256	1958	中等	0.64
Mb	Memanbetsu	44°N	144°E	E	15°	46	1956	轻微	0.26
SM	S. Miguel	38°N	26°W	NW	3°	28	1958	轻微	0.05
Ka	Kakioka	36°N	140°E	S	30°	97	1956	大	0.5
Ho	Honolulu	21°N	159°W	W	30°	126	1940—1951	大	0.5
Mu	Muntinlupa	14°N	121°E	S	30°	135	1958	中等	0.5
MB	M'Bour	14°N	17°W	WNW	20°	95	1958	中等	0.34
Ib	Ibadan	7°N	4°E	S	25°				0.42
Pa	Paramaribo	6°N	55°W	NNE	40°	92	1958	中等	0.64
Hn	Hollandia	2°S	140°E	N	35°	80	1958	中等	0.57
Ky	Kuyper	6°S	107°E	S	15°	51	1958	轻微	0.26
PM	Port Moresby	9°S	147°E	SSW	35°	116	1958—1960	中等	0.57
Hu	Huancayo	12°S	75°W	S	5°	36	1948	中等	0.087
Dw	Darwin	12°S	131°E	WNW	30°	542	1957	中等	0.5
Tn	Tananarive	19°S	48°E	SE	10°	107	1958	轻微	0.17
AS	Alice Springs	24°S	134°E	SE	5°	70	1957	轻微	0.087
Ca	Carnarvon	25°S	114°E	W	30°	8 6	1959	轻微	0.5
Br	Brisbane	27°S	153°E	E	25°	328	1960	大	0.42
Wa	Watheroo	30°S	116°E	WSW	40°	71	1951	轻微	0.64
Kl	Kalgoorlie	30°S	122°E	SSW	10°	341	1960	中等	0.17.
Td	Toodyay	32°S	116°E	SW	40°	176	1960	中等	0.64
Gn	Gnangara	32°S	116°E	WSW	35°	47	1957	轻微	0.57
Ep	Esperance	34°S	122°E	S	40°	376	1960	中等	0.64
Hr	Hermanus	34°S	19°E	SSW	45°	70	1958	中等	0.7
Ay	Albany	35°S	118°E	SSW	60°	231	1959—1960	中等	0.87
To	Toolangi	38°S	145°E	S	10°	131	1955	中等	0.17
Am	Amberley	43°S	173°E	ESE	25°	81	1929—1933	大	0.42
Kn	Kanoya	31.5°N	130.8°E	SSW	28.8°		1989—2001		0.48

注:第一行分别是图 3.16 中各台站的台站名缩写、台站名、经纬度、帕金森矢量大体的方向、优势面倾角、事件个数、所选事件的年份、数据的分散度、帕金森矢量的长度。$I = $ Tile 为优势面的倾角;$L = \sin I$ 为帕金森矢量的长度。Kn 引自陈伯舫(2003)。

3.3.4　渤海西岸的帕金森矢量

陈伯舫和祁贵仲都认为,渤海地区存在一电导率异常区,上地幔高导层在这地区有一个隆起。祁贵仲的设想如图 2.13 所示,昌黎位于异常区的北侧偏西,位于高导电层隆起区的北部斜坡上。青光台靠近西部边缘偏北,白家疃则远离该电导率异常区。下面叙述的是陈伯舫(1974)做的工作。尽管陈伯舫的文章发表比祁贵仲早,但陈伯舫引用了感应矢量的概念,还分析了大地电磁测深曲线。祁贵仲的理论计算只设想了一个高导体,并不能解释西边和南边较远地方的一些 ΔZ 取值。而帕金森矢量则能解释哪些地方为何 ΔZ 很小。这就是为何研究帕金森矢量比仅研究 ΔZ 和 $\Delta Z/\Delta H$ 分布更能说明问题的原因。

图 3.17 是陈伯舫选用的急始和湾扰资料的实例。图 3.18 是他用昌黎、白家疃(北京)、青光(天津)资料做出来的感应矢量分布。

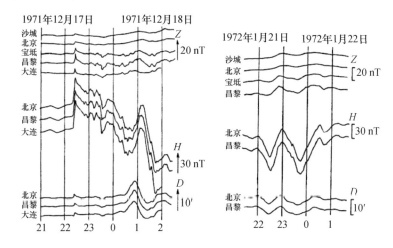

图 3.17　急始和湾扰的实际记录(D 分量的单位为"分($'$)")

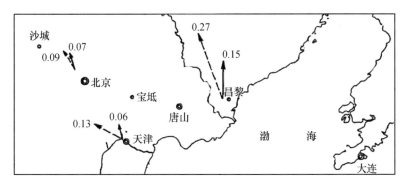

图 3.18　台站位置及感应矢量图(陈伯舫,1974)

(虚箭头:急始定的感应矢量;实箭头:湾扰定的感应矢量)

祁贵仲和陈伯舫的研究结果与我们后来做的结果大体一致,例如祁贵仲的图 2.13 中,烟台的 ΔZ 是负值,达 -8.0。我们的结果也是烟台的帕金森矢量基本指向北,稍微有一点点偏东,帕金森矢量的长度达 0.38,在渤海区域最大(见图 3.20)。陈伯舫的昌黎急始感应矢量取值为 0.27,与我们所得图 3.20 的结果一致,只是我们的结果方向更偏向南北方向。

3.3.5 广东省的帕金森矢量

1984 年,为探讨河源地震时广州台有没有反应,我们收集了广州及琼中台的资料。结果表明,广州台的 a、b 值对 1962 年 3 月 19 日河源 6.2 级地震没有明显反应。但附带做出了几个台站的帕金森矢量,见图 3.19。图中,三个台站的急始类矢量都表现出海岸效应——垂直于海岸线总的走向或指向附近的深海。湾扰的矢量则垂直于莫霍界面视等深度线。与图 3.7 的优势面对比,广州台的优势面倾向是北北西,帕金森矢量的方向与倾向相反,指向南南东。琼中台的优势面倾向是北北东,矢量指向南南西。

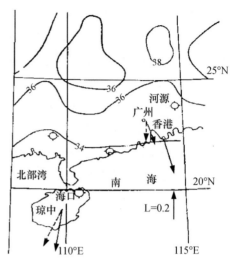

图 3.19 广州、香港、琼中台的帕金森矢量及莫霍界面视等深度线(香港资料引自 Chen,1981)

(实箭头表示急始类事件的帕金森矢量,
虚线箭头表示湾扰的矢量)

3.3.6 京津及邻近地区的帕金森矢量

利用作者承担课题的机会收集了天津及邻近地区 12 个台站的磁变仪资料,并利用课题架设在宁河台站做定点测量的 DCM-2 磁通门磁力仪,在烟台做了十几天的观测。图 3.20 的有关数据见参考文献(田山 等,1991)。我们的研究结果与祁贵仲和陈伯舫的研究结果大体吻合。陈伯舫的昌黎急始类矢量长度 $L=0.27$,我们的是 $L=0.262$,在误差范围内。我们的研究结果得出烟台的矢量比昌黎长,但祁贵仲的结果是北边昌黎 ΔZ 均值为 8.9,比烟台的 ΔZ 均值(-8.0)还大。虽符号相反这点与我们结果一致,但绝对值与我们的结果不同。

图 3.20 中的高导层埋深的等深度线是由重力、电磁测深等资料确定的(刘国栋等,1983)。可以看出,实测的高导层隆起区的形状与祁贵仲设想的不同。标明为 50 千米的上地幔高导层等深度线构画出一个北东向的长条隆起区。由图看出:昌黎、宁河和塘沽的矢量都指向这个高导层的隆起区。但大连的矢量指向外海,而烟台的矢量指向北北东,没有指向隆起区,说明它的矢量指向更多受海洋的影响。其他地方的帕金森矢量大都基本指向南,且量级很小,说明这些地方地下的电性大体是水

平分层且比较均匀的,如青光、静海、白家疃、沈阳,红山向南略偏东;黄壁庄和菏泽向南略偏西。只有朝阳完全指向南方,泰安大体指向东。其中,宁河与菏泽给出了虚矢量,用虚线表示。

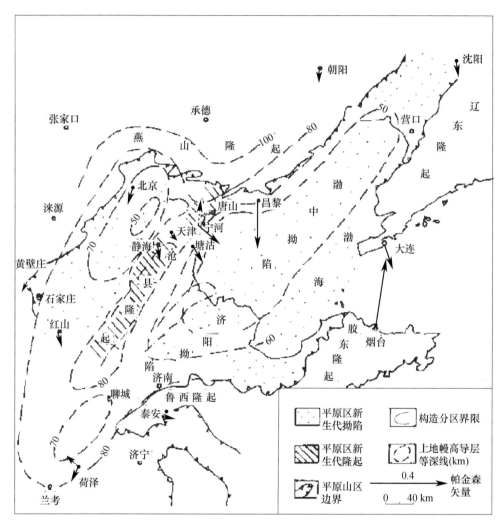

图 3.20　天津及附近地区的帕金森矢量分布与上地幔高导层埋深图

(刘国栋 等,1983;田山 等,1991)

31

第4章 地磁短周期变化参量的时间变化与地震

4.1 我们的量图方法

地磁短周期变化参量包括各种比值 $\Delta Z/\Delta H$、$\Delta Z/\Delta D$、$\Delta H_i/\Delta H_j$、$\Delta D_i/\Delta D_j$ 的均值和帕金森矢量系数 a、b。早期都是在光记录的磁照图上(或它的复印件)用量图方法得到这些参数值。选取前文中图 2.3～图 2.12 和图 3.14、图 3.17 中显示的各种短周期事件,量取 t_1 和 t_2 两个时刻三个分量的变化幅度 ΔZ、ΔH、ΔD。对急始、类急始、脉动、孤立扰动等各种快速扰动,时间间隔 $\Delta t = t_1 - t_2$ 一般在 2～10 分钟;对湾扰、类湾扰等周期相对较长的扰动,Δt 一般在十几至二十多分钟。我们采取从事件的起始位置(一般为拐点,即该事件开始的时刻)量到极值点的办法,并称 Δt(也用 τ)为前沿时间。这种前沿时间严格来说不能算作半周期,因为它含的周期成分比较复杂多样,目前没有它法,姑且把它当作半周期看待。量图时,有时光记录的磁场曲线很粗,或很淡,为了捕捉量级不大的地震异常,须尽量减少量图误差提高信噪比,我们特意做了带刻度的放大镜,见图 4.1。小的放大镜是购买的,可放大 10 倍,底部带刻度玻璃板是工厂加工的,每个小刻度是 0.1 毫米。但这个放大镜视野太小,对变化大的扰动视野不够。大的放大镜是找人加工的,玻璃板上最小刻度是 0.2 毫米,视野比较大。可以根据情况选用不同的放大镜,量图时一般都量时变曲线的中间位置,而且对一个课题尽量不要换量图的人。

图 4.1　量图用放大镜

下面分别介绍这些参数的时间变化与地震发生的关系。

4.2　各种比值的时间变化

4.2.1　青光台 $\Delta Z/\Delta H$ 的时间序列分析

1976 年唐山地震后我身体不好调至青光台工作,当时想利用台站资料搞点科研,但那时所接触的东西不多,还不知道有所谓的帕金森矢量,只知道 $\Delta Z/\Delta H$ 比值。为了研究这些比值的特点并考虑应该如何求取有用的参量,对青光台的 $\Delta Z/\Delta H$ 值做了时间序列分析(龚绍京,1983)。

选用青光台 1974 年 1 月至 1977 年 6 月和 1979 年 7 月至 1980 年 12 月共 5 年资料,量取急始、类急始、脉动、孤立扰动等各种快速扰动的垂直分量和水平分量的变化幅度 ΔZ、ΔH,前沿时间间隔 $\Delta t(\tau)=t_1-t_2$ 一般在 2~20 分钟,共取 1660 事件,求 $\Delta Z/\Delta H$ 比值。

时间序列分析是 20 世纪 60—70 年代发展起来的一种数据处理方法。按时间先后顺序排列的一系列观测数据,由于受一定规律约束,彼此之间存在一定的相互关系,同时又受到各种偶然因素的影响,表现出某种随机性。分析研究这种序列的数学方法就叫做"时间序列分析",目的在于建立一个适当的数学模型来描述相应的系统,对系统的特征进行分析以提取有用信息。在此基础上可以进行预测、控制、设计。地磁短周期变化的 $\Delta Z/\Delta H$ 比值与地下的电性结构有关,同时还与高空电流体系所产生的源场特征及事件所含的频率有关,而外界的干扰和量图误差等又会带来随机的涨落,因此做 $\Delta Z/\Delta H$ 的时间序列分析是合适的。

我们选用 ARMA(p,q)模型,称为自回归滑动平均模型。数学表达式是:

$$X_t-\zeta_1 X_{t-1}-\cdots-\zeta_p X_{t-p}=a_t-\beta_1 a_{t-1}-\cdots-\beta_q a_{t-q} \tag{4.1}$$

式中,等号左边是模型的自回归部分,阶数为 p,参数($\zeta_1\cdots\zeta_p$)称为自回归系数,$X_t\cdots$ 为零均值化的观测值。等号右边是模型的滑动平均部分,阶数为 q,参数($\beta_1\cdots\beta_q$)称为滑动平均系数,$a_t\cdots$ 是白噪声。脚标 t 可以代表时间,也可以代表顺序。式(4.1)表明,t 时刻的观测值 X_t 既与它以前的 p 个观测值有关,又与它以前的 q 个白噪声值有关。系数 ζ、β 分别表示与它前面的观测值及白噪声的相关程度。采用吴贤铭等(1979)的建模思想确定模型的阶数和参数,并进行适用性检验以选定合适的模型。参数估计是采用线性或非线性最小二乘法。若为自回归(AR)模型,可用线性最小二乘法。若为 ARMA 模型,须先求出粗估计作为初值,再用非线性最小二乘法经过迭代达到残差平方和最小,以求出模型参数(如数学期望值)的精估计。

我们曾用自回归滑动平均模型(ARMA)分析了几组数据,用中国科学院数学研究所编制的程序算出各组数据的阶数、参数、粗估计及精估计值,在原文中曾列表(龚绍京,1983)。这里仅介绍各组数据的模型如下：1974 年 1—12 月，ARMA(2,1)；1975 年 1—12 月，ARMA(1,1)；1976 年 1—12 月，ARMA(1,1)；1977 年 1—6 月，AR(0)；1979 年 7—12 月，AR(1)；1980 年 1—12 月，ARMA(4.1)。可见，除 1977 年 1—6 月这组外，其他各组数据的模型都有一定阶数，不是白噪声序列，说明数据之间有一定的相关性（或称惯性）。除 1980 年那组外，模型的阶数都不高，只与之前的一项或二项相关。之所以不是白噪声序列，是因为我们有时会在一个较长的扰动中（如磁暴）选几个孤立的事件。也可能扰动的外源场本身就有连贯性。如果分组再细一点，用半年一组去建模，则有的组是白噪声序列，如 1976 年 1—6 月和 1977 年 1—6 月，而有的组的阶数为 ARMA(6,5)，如 1975 年 1—6 月、1976 年 7—12 月。具体分析计算结果见表 4.1。

表 4.1　半年分组数据的模型（龚绍京，1983）

年份	月份	模型	表达式
1974	1—6	AR(1)	$X_t = 0.26X_{t-1} + a_t$
1974	7—12	ARMA(2,1)	$X_t = 1.12X_{t-1} - 0.15X_{t-2} + a_t - 1.05a_{t-1}$
1975	1—6	ARMA(6,5)	$X_t = -0.21X_{t-1} + 0.10X_{t-2} + 0.07X_{t-3} + 0.29X_{t-4} + 0.65X_{t-5} - 0.15X_{t-6} + a_t + 0.30a_{t-1} + 0.25a_{t-2} + 0.35a_{t-3} - 0.54a_{t-4} - 0.93a_{t-5}$
1975	7—12	AR(2)	$X_t = 0.16X_{t-1} + 0.10X_{t-2} + a_t$
1976	1—6	AR(0)	$X_t = a_t$
1976	7—12	ARMA(6,5)	$X_t = 0.30X_{t-1} - 0.64X_{t-2} + 0.05X_{t-3} - 0.58X_{t-4} + 0.40X_{t-5} - 0.02X_{t-6} + a_t - 0.24a_{t-1} + 0.81a_{t-2} + 0.16a_{t-3} + 0.90a_{t-4} - 0.35a_{t-5}$
1977	1—6	AR(0)	$X_t = a_t$
1979	7—12	AR(1)	$X_t = 0.15X_{t-1} + a_t$
1980	1—6	ARMA(1,1)	$X_t = 0.97X_{t-1} + a_t - 1.06a_{t-1}$
1980	7—12	ARMA(5,5)	$X_t = 0.50X_{t-1} + 1.16X_{t-2} - 1.24X_{t-3} - 0.33X_{t-4} + 0.88X_{t-5} + a_t - 0.42a_{t-1} - 1.30a_{t-2} + 1.28a_{t-3} + 0.46a_{t-4} - 0.94a_{t-5}$

通过对 ARMA 模型的分析，我们找到用算术平均值代替数学期望精估计值的样本长度 N 的下限。图 4.2 的纵坐标是 $D(\overline{Y})/\sigma_a^2$，横坐标是 N，为样本数。图中的曲线表明 N 越大，平均值 $\overline{Y}$ 的方差 $D(\overline{Y})$ 与样本方差 σ_a^2 的比值就越小，慢慢趋于稳定。一般在 N＝10 以后曲线拐弯逐渐趋于平缓。而阶数愈高，最后趋于稳定时的这个比值 $D(\overline{Y})/\sigma_a^2$ 就愈大。尽管阶数不同，但曲线的形态是相似的，拐点大体在同一位置。由图 4.2，我们取 N＝12～15 为样本长度的最低取值。这里，σ_a^2 是样本的方差，表征数据的离散程度。$D(\overline{Y})$ 是算术均值 $\overline{Y}$ 的方差，表明算术均值的估计误差，可由下式计算：

$$D(\overline{Y}) = \frac{\sigma_a^2}{N}\Big[1 + 2\sum_{k=1}^{N}(1-k/N)\zeta(k)\Big] \tag{4.2}$$

式中，$\zeta(k)$ 是自相关系数，可用模型的系数来表达（龚绍京，1983）。仅选用计算得到的 4 条曲线,4 条曲线 ARMA 模型的阶数不同。显然,阶数愈低,即愈接近随机分布,$\overline{Y}$ 估计值的误差愈小。阶数愈高,$\overline{Y}$ 估计值的误差愈大。最上面那条曲线的阶数最高,是 ARMA(2,1);最下面的那条曲线的阶数最低,是 AR(1)。同时图 4.2 说明对不同的 ARMA 序列,求均值时选的样本长度 N 可以是一样的。

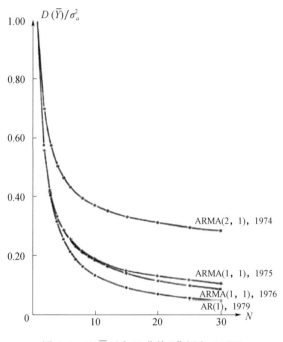

图 4.2　$D(\overline{Y})/\sigma_a^2$-$N$ 曲线(龚绍京,1983)

图 4.3 为六组数据算术平均值与精估计的数学期望值的比较。从图可以看出,当样本长度足够大时,算术平均值与精估计期望值的差别不是很大。从图 4.3 还可以看出,1976 年的均值和精估计值明显低于其他年份的值,相对变化达 14%,可能与唐山地震有关。

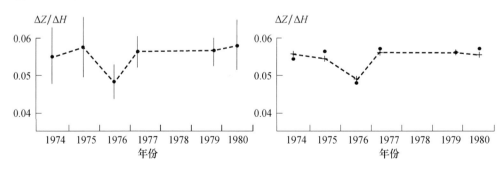

图 4.3　左图:ARMA 模型的精估计数学期望值(竖直线为误差棒代表 95% 置信空间);
右图:算术均值与精估计值的比较("·"代表精估计值,"+"代表算术平均值)

4.2.2 唐山地震的 $\Delta Z/\Delta H$ 均值异常及与周期的关系

我们的研究结果表明,用青光、昌黎、白家疃台的 $\Delta Z/\Delta H$ 均值察觉到了唐山地震的异常(龚绍京 等,1984),见图 4.4。昌黎台的 $\Delta Z/\Delta H$ 均值在 1974 年就有明显的下降,异常在震后的 1978 年才恢复,持续了 5 年。青光台则在 1976 年没有出现季节变化,属于一种异常现象。白家疃台没有出现明显异常。

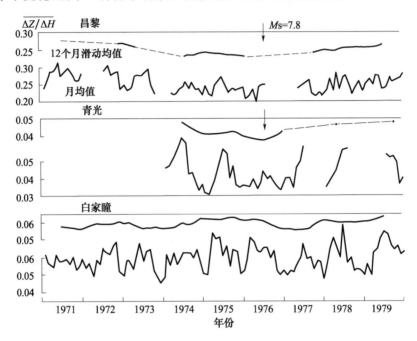

图 4.4 昌黎、青光、白家疃三个台站 $\Delta Z/\Delta H$ 月均值

及 12 个月滑动均值曲线($2 \leqslant \tau \leqslant 20$)(龚绍京 等,1984)

图 4.5 是按不同前沿时间做的 $\Delta Z/\Delta H$ 均值曲线,以查验不同的前沿时间这种曲线是否有差别。尽管前沿时间不是周期,但不同前沿时间所含的周期成分还是不同,企图用这种办法间接、概略地查看是否有周期效应。

由于按前沿时间大小求均值,每个前沿时间段的事件数相对较少,误差较大。尽管如此,还是可以看出许多端倪:昌黎台前沿时段(只能相当于半个周期)为 4～6 分钟和 7～10 分钟的两条曲线有明显异常,最明显的是前沿时段为 7～10 分钟的,而另两个前沿时段 2～3 分钟和 11～20 分钟的异常不明显。青光台也是这两个前沿时段在 1976 年很明显的没有年变化。白家疃台各前沿时段都没异常。

这个结果表明,做出不同前沿时段(含不同周期成分)$\Delta Z/\Delta H$ 月均值的时间变化是一件很有意义的事情。因为地震孕育的区域是在一定的深度范围内,不同周期有不同结果才是对的。也就是说,不同的感应深度,效果会不同。因此,若要深入研究地震的感应磁效应,需要考虑参数的频率(周期)响应。

由于昌黎、青光、白家疃台的帕金森矢量大体指向南,所以 $\Delta Z/\Delta H$ 均值才取得较好的结果。

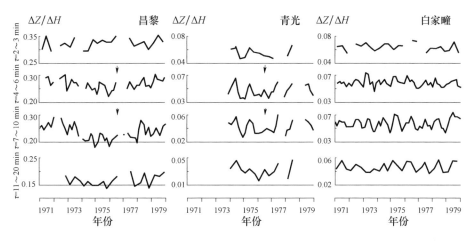

图 4.5　四种前沿时段的 $\Delta Z/\Delta H$ 月均值时间变化

4.2.3　H_n/H_y 比值与伊豆大岛近海地震

Honkura(本藏,1980)用两个台站水平分量 ΔH、ΔD 的比值研究了伊豆大岛近海 7.0 级地震。如图 4.6 所示,NKZ 台距 7.0 级震中约 30 千米,YAT 台距 NKZ 台 140 千米。2 个月求一组数据。可看出在地震前有 2～3 组数据偏离正常值比较远,超过了误差水平。

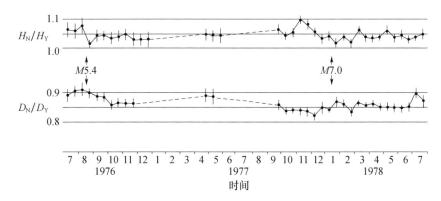

图 4.6　1978 年伊豆大岛近海 7.0 级地震前,NKZ 台与 YAT 台

H 和 D 分量幅度比的变化(误差棒表示 95% 置信区间)

4.3　帕金森矢量系数 a、b 时间变化的国外震例

4.3.1　关东大地震

1923 年 9 月 1 日日本关东发生里氏 8.1 级大地震(由于仪器损坏,最初由仙台台定的震级是里氏 7.9 级,后更正为 8.1 级)。地震灾区包括东京、神奈川、千叶、静冈、山梨等地区,地震造成 10 万人丧生、200 多万人无家可归,财产损失 65 亿日元。地震还导致霍乱流行。Yanagihara(柳原一夫,1972)利用 Tokyo(东京,1897—1912年)和 Kakioka(柿岗,1913 年以后)急始和类急始(持续时间 1～6 分钟)的资料求出 a、b,以研究他们的长期变化及与地震的关系,结果见图 4.7。东京台因为干扰于 1912 年底搬至东北边的柿岗,两地相距 70 千米,图中的实线是改正后的曲线。其中有一段虚线是由于地震时的火灾毁掉了资料。2～5 年求一组 a、b。1923 年发生关东大地震前 a 和 $\sqrt{a^2+b^2}$ 明显减小,a 减小约 0.15,$\sqrt{a^2+b^2}$ 则接近减小 0.18～0.2。这里,$I=\tan^{-1}\sqrt{a^2+b^2}$ 是地磁变化优势面的倾角,$C=\sqrt{a^2+b^2}$ 是感应矢量的长度,$\sqrt{a^2+b^2}$ 减小说明优势面的倾角 I 和感应矢量的长度 C 减小。同时 b 和感应矢量的方位角 φ 在震前明显变大,φ 变大约 $30°$,b 变大 0.2～0.25。这一结果说明在地震前地下导体的产状(倾角、倾向)发生了变化。Yanagihara 用图 4.8 的模型来解

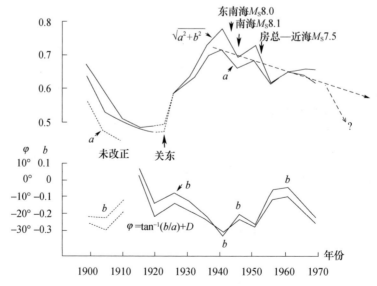

图 4.7　柿岗台 a、b、I 和 φ 的长期变化和地震异常(Yanagihara,1972;龚绍京,1985)

注:关东大震($M_S=8.1$)距柿岗约 100 千米,距东京台约 40 千米。1944 年东南海和 1946 年南海地震距柿岗大于 500 千米

释优势面倾角的变化。图 4.8 中的虚点为地震孕育使电导率增大的区域。这个新增的高电导率区域使感生的磁力线抬升,优势面的倾角从 θ 变成 $\theta-\Delta\theta$,使得帕金森矢量的各种参数值发生变化。

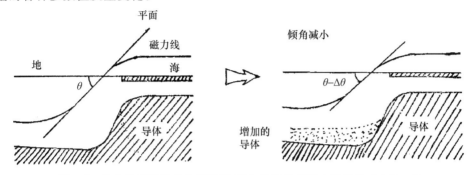

图 4.8　关东地震异常的物理解释(增加的导体使磁力线倾角减小了 $\Delta\theta$)

4.3.2　塔什干地震

Miyakoshi(宫腰润一郎,1975)用塔什干台和阿斯哈巴德台的急始、类急始资料计算了帕金森矢量系数 a、b。图 4.9 以 $\Delta Z/\Delta D$ 和 $\Delta H/\Delta D$ 作为纵坐标和横坐标,以验证两者之间的线性关系。用 $\Delta Z/\Delta D=a\cdot\Delta H/\Delta D+b$ 求出 a、b。图 4.10 为两台 $\sqrt{a^2+b^2}$ 年均值的变化。由图看出,塔什干地震在塔什干台有明显的反应,$\sqrt{a^2+b^2}$ 变化量达 $0.15\sim0.2$;而正常值在 0.3 左右,变化相当大。而阿斯哈巴德以东的地震,两个台均无反应。这可能与台站离震中的距离有关。1966 年塔什干 5.5 级地震地点距塔什干台仅 30 多千米,距阿斯哈巴德台 1200 多千米。1970 年 6.6 级地震地点距塔什干台 1500 多千米,距阿斯哈巴德台近 300 千米,阿斯哈巴德台无反应。由此可见,异常的分布范围是很小的。地震和台站的各项参数见表 4.2。

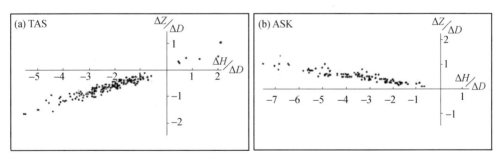

图 4.9　$\Delta Z/\Delta D$ 与 $\Delta H/\Delta D$ 的关系

(a)塔什干(TAS);(b)阿斯哈巴德(ASK)

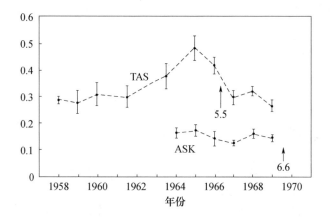

图 4.10　塔什干地震的 $\sqrt{a^2+b^2}$ 异常（Miyakoshi，1975）

（TAS 代表塔什干台，ASK 代表阿斯哈巴德台；2 个箭头分别代表 1966 年塔什干

5.5 级地震和 1970 年在阿斯哈巴德台以东约 300 千米处发生的 6.6 级地震）

表 4.2　地震和台站的各项参数

	台站位置	震中位置	深度	震级	发震时间
塔什干	69.62°E，41.33°N	69.3°E，41.2°N	浅	5.5	1966-04-26
阿斯哈巴德	58.10°E，37.95°N	55.9°E，37.8°N	浅	6.6	1970-07-30

4.3.3　阿拉斯加锡特卡地震

　　Kakioka（力武常次）认为：孕震时新产生的地下导体会影响转换函数的取值和帕金森矢量的方向，但他认为尚未达到能解释柿岗台和塔什干台这么大变化的程度（Kakioka，1979）。关东大震前，1900 年 a 值约为 0.65，1920 年减小到约 0.50，1940 年左右又增加到 0.70。变化幅度达 0.15~0.2。塔什干地震前塔什干台的 $\sqrt{a^2+b^2}$ 为 0.3 左右，震前的 1965 年增大到 0.45~0.5。增加 0.15~0.2。为了检验他的猜测与怀疑，证实帕金森矢量是否确有这么大的地震前兆，他分析了锡特卡台 1968—1973 年的资料，半年求一组 a、b。1972 年 7 月 30 日锡特卡 7.2 级地震的震中距台站约 40 千米，该处的纬度为北纬 60°。极区附近的地方性扰动较强，极区的电流体系可能较低，在一天当中都可能有明显的变动。为了避免极区附近强烈的源场效应对转换函数估计值的影响。力武常次对所用事件进行了严格的挑选，选择一些孤立的不是很强烈的扰动，他没有选择急始磁暴或磁亚暴，并验证了 $\Delta Z/\Delta H$ 与 $\Delta D/\Delta H$ 之间是否存在线性关系。图 4.11 表明经过严格挑选后，两个比值存在线性关系，求出的 a、b 值是可靠的。

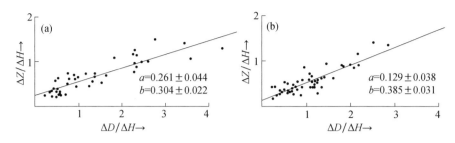

图 4.11　1971 年 7—12 月(a)和 1972 年 7—12 月(b)$\Delta Z/\Delta H$ 与 $\Delta D/H$ 的关系

系数 a、b 结果示于图 4.12。在正常年份,a 的取值是 $0.15 \sim 0.16$,1971 年 7—12 月这组的 a 值为 0.26,异常出现在震前半年。变化幅度达到 $0.10 \sim 0.11$。这或许与台站的震中距较小有关。但也间接证明了柿岗和塔什干地震的变化量级是完全可能的。

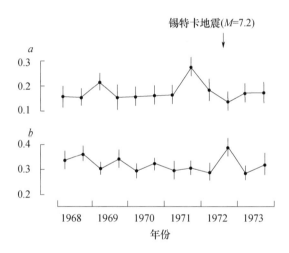

图 4.12　锡特卡地震前 a、b 值的变化(Rikitake,1979)

4.4　帕金森矢量系数时间变化的国内震例

4.4.1　唐山地震($M_s = 7.8$ 级)

唐山地震是用各种短周期变化量研究得最多的一个地震。台站、震中和余震区位置见图 4.13。昌黎、青光、白家疃台至主震震中的距离分别为 70 千米、110 千米、170 千米。至余震区边缘的最近距离分别为 5 千米、60 千米、145 千米。为了与前面 $\Delta Z/\Delta H$ 的结果比较,又做了帕金森矢量系数 a、b,它们随时间的变化见图 4.14。

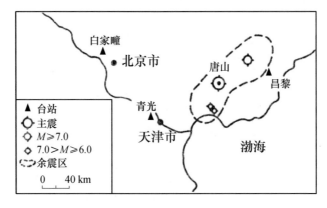

图 4.13 唐山地震震中、余震区和台站位置(Gong,1985)

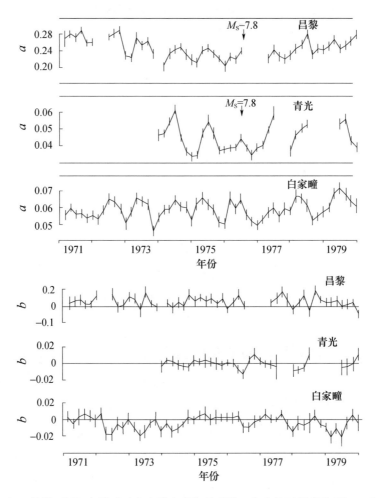

图 4.14 昌黎、青光、白家瞳三个台帕金森矢量系数 a 和 b 的时间变化(Gong,1985)

由图 4.14 看出,昌黎的 a 值有明显的中长期变化,从 1973 年下半年可看出下降,震后才恢复,异常持续了约 5 年多。青光台 1976 年没有出现季节变化,也属于异常。白家疃台的 a 值和三个台的 b 值都没有明显的异常。

图 4.14 与图 4.4 比较可以看出,$\Delta Z/\Delta H$ 月均值的变化与 a 值的变化大体相似,只是 a 值的变化似乎明显些。之所以 $\Delta Z/\Delta H$ 月均值的变化与 a 值的变化大体相似,是因为这些台的帕金森矢量主要指向南,因而 Z 的变化主要来源于 H 分量的变化。$\Delta Z/\Delta H$ 月均值与昌黎台 a 值的滑动平均值比较,$\overline{\Delta Z/\Delta H}$ 的最大变幅值为 0.05,而 a 值的最大变幅为 0.056。a 值的 12 月滑动平均值见图 4.15。

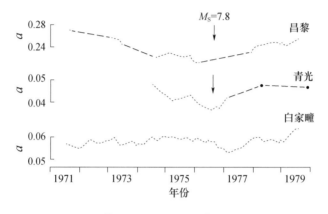

图 4.15　a 值的 12 月滑动平均值(Gong,1985)

(·表示滑动平均实测值;虚线---表示没有滑动平均数据)

求出 a、b 值以后还可以算出帕金森矢量的方位角和优势面的倾角,见表 4.3。由表 4.3 看出帕金森矢量方位角的变化没有超出误差的范围,但昌黎优势面的倾角却有 2.7° 的变化,在地震前倾角减小,已经超出了 $\sigma_I = 0.86°$ 的 2 倍。而青光和白家疃台的倾向和倾角没有超出 $2\sigma_\varphi$ 和 $2\sigma_I$ 的明显变化。

表 4.3　帕金森矢量方向和优势面倾角的变化及它们的估计误差(龚绍京,1986)

台站	时间	φ	I	σ_φ	σ_I
昌黎	1971 年 1—2 月	5.6°	15.3°		
	1975 年 8 月—1976 年 7 月	6.6°	12.6°	7.3°	0.86°
	1978 年 12 月—1979 年 11 月	4.2°	14.2°		
青光	1974 年 2 月—1975 年 1 月	0.4°	2.7°		
	1976 年 2 月—1977 年 1 月	−0.5°	2.7°	8.3°	0.17°
	1978 年 1 月—1979 年 12 月	1.4°	2.7°		
白家疃	1971 年 2 月—1972 年 1 月	2.4°	3.2°		
	1976 年 2 月—1977 年 1 月	0.2°	3.3°	7.0°	0.19°
	1978 年 2 月—1979 年 1 月	−4.0°	3.4°		

由上述图、表可看出以下几点。①异常时间相当长,昌黎台约为5年多。②异常在地震之后才出现恢复趋势,这与扩容—膨胀理论不矛盾;当然与上地幔高导层隆起的理论也不矛盾。③青光台距震中110千米,有异常,白家疃台距震中170千米,无异常。我们认为这可能与两台站距余震区的距离相差较大有关。青光台距余震区边缘60千米,白家疃台却有145千米。余震区的范围也许大体标志出孕震的区域。而且距余震区近的台站异常出现时间早、持续时间长、恢复时间晚。④帕金森矢量方位角的变化没有超出误差范围的异常,但昌黎台优势面的倾角有超出2倍标准差的异常,倾角 I 变小了,变化量达到 $2.7°$,而误差只 $0.86°$,变化量已大大超过了2倍标准差。倾角变小的可能解释是:昌黎台位于北东向隆起的北侧斜坡上(图3.20),可以用图4.8的机制来解释,也可以用高导层隆起范围的扩大来解释。

$\Delta Z/\Delta H$ 均值的变化情况之所以能与 a 近似,是因为表4.3中的 φ 都很小,帕金森矢量大体上是南北指向,见图3.18、图3.20和表4.3。青光台在天津附近,白家疃台在北京西北近郊。若方位角 φ 比较大,也就是说 b 较大时,量图时三个分量的相位差就不能被忽略,$\Delta Z/\Delta H$ 的变化就不会与 a 近似。

由此看来,a、b 值方法较 $\Delta Z/\Delta H$ 均值反映问题更为全面,物理意义比较明确,能揭示的信息也比 $\Delta Z/\Delta H$ 均值多。

4.4.2　松潘地震与小金地震

1976年8月四川发生松潘—平武7.2级地震群。成都附近的郫县地磁台处于龙门山断裂带附近,距震中180千米。1900年以来的历史资料说明松潘—平武地震带与龙门山地震带同时出现地震活动的高潮期。这种相关性促使我们决定处理郫县台站的资料,以探明在松潘—平武地震的孕育过程中,是否也在龙门山地震带中南段伴随有电性结构的变化。

最初我们与四川地震局的王伯维合作,处理了1975—1980年的资料,3个月求一组 a、b 值,发现 a 值在松潘—平武震群前后有明显异常(龚绍京 等,1989b)。以后王伯维同志将此方法用于日常监测预报,并在小金地震前提出了帕金森矢量系数 a 存在异常(小金地震前王伯维同志曾将原始数据寄给我,我又为她核对一遍)。她的工作一直做到1989年,全部结果见图4.16。

由图看出,1976年上半年 a 值的绝对值下降,异常持续了两年多,在此期间龙门山地震带发生了7.2级震群和一系列 $M\geqslant4.7$ 级地震,直至发生邛崃4.7级地震后 a 值才恢复正常水平。以后很长时间 a 值无明显异常,也无较大地震。1988年 a 值出现持续时间较短的异常,同时 b 值下降,接着相继发生小金5.1级、小金6.6级和邛崃4.8级地震。小金地震位于成都以西的鲜水河断裂带,距郫县台150千米。图4.16中,第一段 a 值异常的幅度达0.03;第二段 a 值异常的幅度也达0.03,只是异常持续期较短,仅 3 个点有异常,但 b 值下降时间较长,也是图 4.16 中唯一一次下降。对小金地震,王伯维同志事先提出了存在异常,并寄来数据让我校对,这是唯一在事先提出异常的例子。

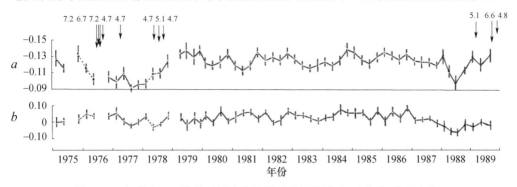

图 4.16　郫县台 a、b 值的时间变化及附近的地震活动(王伯维、龚绍京绘)

从国内外的一些震例看,由于震源区电导率变化所引起的转换函数异常,其范围是不大的。关东 8.1 级地震,台站的震中距仅 100 千米。塔什干台距塔什干 5.5级地震震中仅 30 千米多点。锡特卡台距锡特卡 7.2 级地震震中约 40 千米。菏泽台距菏泽 5.9 级地震震中仅 15 千米。昌黎台距唐山 7.8 级地震震中约 70 千米,而距震中 170 千米的白家疃台都没有反应。距河源 6.2 级地震震中 140 千米的广州石榴岗台没有反应;距 6.6 级地震震中近 300 千米的阿斯哈巴德台亦没有反应。因此,郫县台的异常变化不大好用孕震区的扩容——膨胀引起的源区电导率变化来解释。而只能从两个地震带活动的相关性着眼,认为两者在深部构造上有着天然的联系。许多事实说明了这点,例如,震前几年四川的小震活动呈北北东条带状分布,此条带从龙门山断裂带的中南段延伸至松潘——平武地震带。震前 5 个月在龙门山断裂带的中南段开始出现地下水等宏观异常,异常集中区逐渐北移,并三起三落,第三次相对集中在震中区附近。震前出现大面积干旱,干旱区为长轴呈北北东方向的长椭圆形,从龙门山断裂带的中南段延伸至松潘、平武附近。也许这种构造上的相关性才是成都(郫县)台对松潘——平武震群有反应的原因(龚绍京 等,1989b)。更深层次的原因应该是这几个断裂带都处在青藏高原的东部边缘,都受着印度洋板块与亚欧板块相对运动的影响。

4.4.3　菏泽地震

1983 年 11 月菏泽发生 5.9 级地震,菏泽台距震中 15 千米,菏泽地震震中及附近构造见图 4.17,地震发生在鲁西南聊——考断裂带与菏泽断层交汇处附近。图中还画出了实、虚帕金森矢量。

根据事件的多寡,我们用 2～4 个月求一组 a、b 值(龚绍京 等,1991)。采用刻度放大镜量图,可估读到 0.05 毫米。用 1982 年的资料统计出不同的人量图时读取数值的差,平均为 0.03 毫米。量图方法算出的 a、b 值的时间变化见图 4.19 的上图。

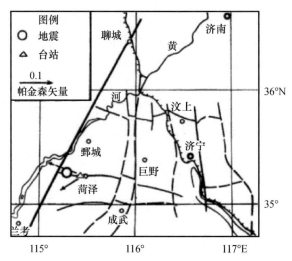

图 4.17　菏泽地震震中、台站位置及附近构造带

（实箭头为实帕金森矢量；虚箭头为虚帕金森矢量）

为了佐证 a、b 值变化的可靠性，我们又用谱分析方法求出复转换函数，它的实部为 A_u、B_u，虚部为 A_v、B_v。谱分析方法需要得到离散而连续的采样数据，我们所用数字化仪的读数分辨率是 0.025 毫米，但实际采样时由于手工操作，数值化的误差不可能这么小。为尽量减小数字化误差，我用 Basic 语言编写的采样程序设定了几个功能：①考虑到磁照图上的时号线分布并不完全是等间隔，设定 3 次测量时号线的位置，算出平均位置以计算出每小时的宽度，从而算出该小时的采样间隔；②设计了重采样功能，当发现手抖动时可以回到本时段内的任意位置重采样，而以前的采样结果作废。为估计数字化的误差，对 6 条直线采样，又对 5 组较清晰的曲线两次采样，分别统计出两次采样差值的均方差和分布直方图，见图 4.18。它们的均方差分别是：0.12 毫米(Z)、0.17 毫米(D)、0.47 毫米(H)。可以看出，采样的误差比量图的误差大。

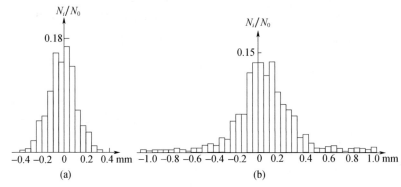

图 4.18　(a)直线采样的误差(采样值的差值)分布；

(b)对同一曲线两次采样差值的分布(Z、H、D 综合结果)

转换函数 A_u、A_v、B_u、B_v 的结果见图 4.19 的下图。从图 4.19 看出,帕金森矢量系数 a 有明显异常,且异常在震后 10 个月才开始恢复。a 由正常时的约 0.05 下降为 0.035,虽然绝对变化量仅为 0.015,但相对变化量却不小,约 30%。菏泽台 a、b 值及转换函数 A_u、A_v、B_u、B_v 取值很小,表明该处的电性结构横向比较均匀。复转换函数的结果不仅证明了异常的存在,而且显示了异常的周期效应。由图看出,4.0～9.8 分钟周期段的 A_u 异常较明显,10.6～18.3 分钟周期段的异常其次,而 21.3～32.0 分钟周期段的 A_u 值没有异常。与反映唐山地震的图 4.5 比较,在图 4.5 中,前沿时段为 7～10 分钟的异常最明显。如果认为前沿时间相当于半周期,则 7～10 分钟前沿时段相当于 14～20 分钟周期。我们是否可以从这个比较中得出结论:唐山地震的孕育深度要比菏泽地震深?

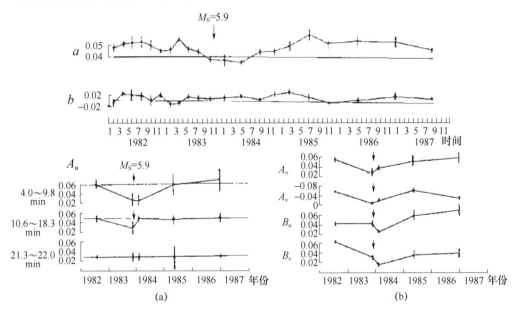

图 4.19　菏泽台帕金森矢量系数 a、b 及转换函数的时间变化(龚绍京 等,1991)

图 4.19 下图中的右侧图(b)是 4 个复转换函数 A_u、A_v、B_u、B_v 的结果,取的周期段是 4～18.3 分钟,皆显示出有变化,不过由于资料不很充分、不够长,不能看出正常情况下的变化曲线,结果不算理想。

4.5　帕金森矢量系数 a、b 值的长期变化与季节变化

在处理白家疃、青光、昌黎台站的资料时,我们发现 a、b 值存在季节变化,见图 4.20。由图看出 a 值有明显的周年变化,b 值似有半年周期变化。这点与陈伯舫的研究结果(Chen,1981)有些不同。陈伯舫做了台湾仑坪台的资料,发现 a、b 值都有

周年变化(图4.20)。佐野幸三和中岛新三郎对日本柿岗台的资料进行分析,发现了复转换函数 A_u、B_u、A_v、B_v 的季节变化,见图4.21。

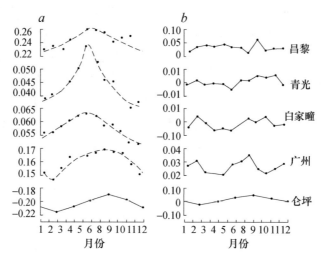

图4.20 昌黎、青光、白家疃、广州、仑坪台 a、b 的季节变化

(Gong,1985;林美 等,1991;Chen,1981)

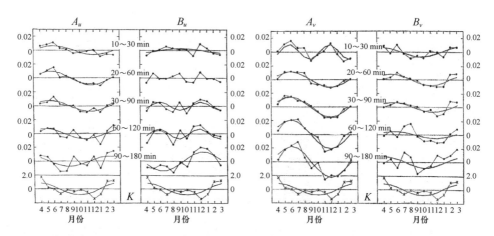

图4.21 柿岗台 A_u、B_u 及 A_v、B_v 和 K 指数的季节变化(Sano,1980,1982;卢振恒和龚绍京,1987)

从图4.21看出,有的周年变化很明显,如 A_u、A_v 的大部分周期。B_v 的第二、第三个周期年变化也很明显。但 B_u 除第五条外,其他的年变化并不明显,似乎根本没规律。B_u 第三、第四条画出的半年变化也很牵强。

为了考察广州台对河源地震有无反应,我们研究了广州台 1960—1972 年的资料(龚绍京,1987)。所采取的量图方法与前面唐山、菏泽、松潘地震的方法相同,一般都选取急始、类急始、脉动、孤立扰动等变化较快的扰动。发现广州台对 1967 年河源 6.2 级地震没有反应。但后来延长至 1987 年,却发现有 a 值的长期变化,如图 4.22 所示。

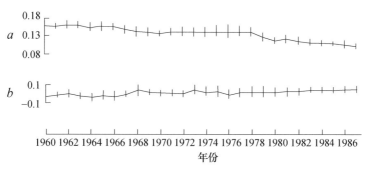

图 4.22　广州台 a、b 值的长期变化(林美和龚绍京,1991)

对广州台 1960—1987 年帕金森矢量系数 a、b 值的研究发现,a 值存在十分明显的长期变化。广州台 a 值的年均值为:1960 年是 0.156 ± 0.003,1987 年是 0.088 ± 0.004。变化量达 0.068,相对于 1960 年的相对变化量达 43.6%。优势面的倾角由 1960 年的 $8.94°\pm0.2°$ 减小到 1987 年的 $5.1°\pm0.4°$,减小了 3.84°。这表明广州台附近的区域构造发生了长期变化。为了证实这一长期变化确实存在,我们又用研究菏泽地震时的方法与程序计算了复转换函数(表 4.4)。表 4.4 中所选的周期与量图方法所选事件的包含周期成分基本对应,以便于两者对比。对 A 的实部 A_u,各周期成分的平均年均值 1960 年为 0.151 ± 0.015,1987 年为 0.096 ± 0.020。与 a 值的差别在误差范围内。如果分周期考察,可以发现对较大的周期,即十几分钟周期的转换函数,1987 年与 1960 年的取值差别更大。如选 8.13 分钟周期,则 1960 年的 A_u 是 0.159 ± 0.010,1987 年是 0.087 ± 0.020,与 a 值的变化较为符合。而量图时多选较快的变化,如急始、类急始和快速的孤立扰动等,周期较短,所以 8.13 分钟周期的 A_u 结果与 a 的变化对应较好。其余参量 A_v、B_u、B_v 在这两个年份的平均差别都没有超过两倍误差。

表 4.4　1960 年和 1987 年的复转换函数值(龚绍京计算)

年份	周期(min)	A_u	A_v	B_u	B_v
1960	16.25	0.176 ± 0.011	0.013 ± 0.009	-0.067 ± 0.035	-0.003 ± 0.040
	11.32	0.175 ± 0.014	0.018 ± 0.013	-0.097 ± 0.054	-0.043 ± 0.038
	8.13	0.159 ± 0.010	0.010 ± 0.013	-0.001 ± 0.024	0.062 ± 0.071
	6.04	0.151 ± 0.017	0.059 ± 0.026	-0.073 ± 0.068	-0.106 ± 0.082
	4.56	0.095 ± 0.024	0.127 ± 0.028	-0.124 ± 0.086	-0.001 ± 0.081
	平均	0.151 ± 0.015	0.045 ± 0.018	-0.072 ± 0.053	-0.043 ± 0.062
1987	16.25	0.091 ± 0.009	0.003 ± 0.010	0.013 ± 0.048	-0.035 ± 0.045
	11.32	0.099 ± 0.010	-0.016 ± 0.012	-0.077 ± 0.049	0.008 ± 0.067
	8.13	0.087 ± 0.020	-0.010 ± 0.024	0.044 ± 0.143	-0.049 ± 0.101
	6.04	0.116 ± 0.022	-0.020 ± 0.030	-0.093 ± 0.084	-0.231 ± 0.117
	4.56	0.089 ± 0.037	0.080 ± 0.033	-0.134 ± 0.077	-0.017 ± 0.062
	平均	0.096 ± 0.020	0.007 ± 0.028	-0.049 ± 0.080	-0.065 ± 0.079

　　总之,量图方法(帕金森矢量系数)和数字化采样方法(谱分析加复数最小二乘法求出的 A_u 等)做出来的结果都证实了广州地区地磁短周期变化参量长期变化的存在,并且这种长期变化与河源地震无关,说明该地区的电性结构有可能存在长期变化。

　　柿岗台的 a、b 值存在长期变化,在介绍关东大震震例时已述及。

第5章 复转换函数概念的引入及计算方法研究

5.1 复转换函数及正常场和异常场概念的提出

5.1.1 复转换函数

表达式(3.3)、(3.5)只是经验公式,它源于快速地磁变化矢量优势面确实存在这一事实。可以说帕金森矢量和威斯矢量概念的提出是严格的、科学的。但是,它们忽略了三个分量间的相位关系,而且系数 a、b 没有严格的周期概念,只是按急始、类急始和湾扰来区分;或是按快速的和变化较慢的来区分。而唐山和菏泽地震的例子已经表明,异常的大小及明显程度与周期有关。为此,需要引进频率概念,即需要考虑复频率域里的转换函数(又称传递函数),以研究各参量的频率响应,即不同周期的反应。

在数学和控制工程学领域,转换函数是一种有着更广泛含义的概念。它表达输出和输入之间的传递关系,用以描述复频率域内线性系统的动态特性。

转换函数的定义为:对于一个线性系统或过程,在初始条件为零时,输出量 $y(t)$ 的拉普拉斯变换 $Y(p)$ 与输入量 $x(t)$ 的拉普拉斯变换 $X(p)$ 之间,存在着一种以 $G(p)$ 传递(转换)的关系,即:

$$Y(p) = G(p) \times X(p) \tag{5.1}$$

式中, $G(p) = Y(p)/X(p)$,称为系统或过程的转换函数(传递函数)。对仅有一个输出和输入的情况,转换函数是输出量的拉普拉斯变换与输入量的拉普拉斯变换之比。当输出、输入可表达为 t (时间)的函数形式时,转换函数可以用解析方法求出。通常情况下,转换函数的解析表达式都是复变数 p 的某种有理分式,而且分子和分母中的系数都是实数。它们取决于系统本身的物理参数,而与输入和初始条件等外部因素无关。也就是说,它描述系统和过程本身固有的特性。当拉普拉斯变换的复参量 p 的实部为零、虚部为 ω 时,亦即系统为稳定的时不变线性系统时,转换函数出现一种特例情况,这时的拉普拉斯变换变为傅里叶变换,这时的转换函数又叫做频率响应函数。

描述线性系统的动态特性有两种方法。一种是时间域的脉冲响应函数,另一种是频率域的频率响应函数。设 $X(\omega)$ 和 $Y(\omega)$ 分别为输入 $x(t)$ 和输出 $y(t)$ 的傅里叶变换,则 $Y(\omega) = H(\omega) \times X(\omega)$。$H(\omega)$ 即为转换函数。

对多变量系统,若输入列矩阵有 M 个元素,输出列矩阵有 N 个元素,则 $G(p)$ 是一个 $M \times N$ 传递矩阵。

若输入 $x(t)$ 和输出 $y(t)$ 为时间连续函数的情况,称之为线性连续系统。若 $x(t)$、$y(t)$ 为离散型的时间函数,则为线性离散系统。涉及的变换也是离散型变换。

为把转换函数概念引入地磁感应领域,应将外源施感场当成输入,内源的感应二次场当成输出,线性系统则是天然变化磁场所穿透的横向不均匀的电性结构或地震的孕育区。对地磁短周期变化(周期在几秒至 100 多分钟),感应深度在地壳至上地幔。由于地磁场是矢量场,输入、输出的关系用下式表达:

$$H_i = T \times H_e \tag{5.2}$$

式中,下标 i 代表内源感应场,下标 e 代表外源施感场。当 H_e 和 H_i 没有数学表达式,而只是一些离散的数字序列时,转换函数已不能用解析方法求得,(5.2)式还应该加上一残差项 ε。这里,T 是张量。H_i、H_e 和 ε 都是矢量,它们都是复数且是频率的函数。若 H_i 用 (H_i, D_i, Z_i) 表示,H_e 用 (H_e, D_e, Z_e) 表示,则问题转化为分别找出 H_i 的三个分量和 H_e 的三个分量的关系表达式,然后求出 T 中的每个元素。

严格说来,在这里并不要求施感场是均匀且垂直入射的。因为任何状态的施感场都会感应出二次感应场。但由于地面上记录到的磁场是内、外源场的总和,分解内、外源场很麻烦且会带来很大的误差,所以必须想出近似简化处理的办法。

5.1.2 正常场、异常场概念的引入

Schmucker(1970)引入了正常场、异常场的概念,根据这一概念和麦克斯韦方程组的线性性质列出了下式:

$$\begin{bmatrix} H_a \\ D_a \\ Z_a \end{bmatrix} = \begin{bmatrix} T_{hh} & T_{hd} & T_{hz} \\ T_{dh} & T_{dd} & T_{dz} \\ T_{zh} & T_{zd} & T_{zz} \end{bmatrix} \times \begin{bmatrix} H_n \\ D_n \\ Z_n \end{bmatrix} + \begin{bmatrix} \varepsilon_h \\ \varepsilon_d \\ \varepsilon_z \end{bmatrix} \tag{5.3}$$

式中,下标 a 代表异常场,n 代表正常场;式中的每一个元素都是复数且是频率的函数。正常场包括外源施感场和它在正常水平分层且横向均匀的地球内感生的磁场。异常场仅包括地球横向不均匀的电性结构的贡献。当外源场均匀且是垂直入射时,对水平分层且横向均匀的地球,对周期大于 0.25 秒的地磁短周期变化,可忽略位移电流,问题类似于电磁波通过金属界面时引起的反射。由于是平面波垂直入射,因此没有折射,入射和反射的垂直分量将互相抵消,地表测得的地磁变化将没有垂直

分量，$Z_n = 0$。转换矩阵的第三列可以不考虑。

电磁波在物质界面上的反射和折射与光的反射和折射是一样的原理。入射波和反射波的垂直分量互相抵消的必要条件是：入射波是平面波，波的射线垂直于导体的界面。地球的变化磁场也是一种频率非常低的电磁波。在中低纬度，由于产生变化磁场的电流体系在 100 千米以上高空，即在电离层和磁层，所以变化磁场都是沿重力方向垂直向下发射的，也是准均匀的。当地下介质是水平分层时，才满足入射波的射线垂直于导体界面的条件。如果未满足这个条件，则不仅反射波和入射波的垂直分量不能抵消，还会产生折射。当地球介质是水平分层时，可以假设符合平面波和垂直入射导体界面这两个条件，因此可认为 $Z_n \approx 0$。在实际情况中，还可认为 $H_n \gg H_a$，$D_n \gg D_a$，Z_n 与 H_n、D_n 无关。于是可以用实际记录的 H、D 代替 H_n、D_n，用实际记录的 Z 代替 Z_a。因此，可用 A、B 来近似代表 T_{zh}、T_{zd}，称之为单台垂直场转换函数，其表达式如下：

$$Z = A \cdot H + B \cdot D + \varepsilon_z \tag{5.4}$$

用 C、G、E、F 来近似代表 T_{hh}、T_{hd}、T_{dh}、T_{dd}，称之为水平场台际转换函数：

$$H_a = H_k - H_n = C \cdot H_n + G \cdot D_n + \varepsilon_h$$
$$D_a = D_k - D_n = E \cdot H_n + F \cdot D_n + \varepsilon_d \tag{5.5}$$

式中，H_k、D_k 表示异常区台站记录到的地磁场，它是内外源场的和。H_n、D_n 是参考台站的地磁场，代表正常场。由正常场定义可知，参考台站最好选在地下电性比较均匀，且离震源区一定距离的地方。k 台站应选在震源区及其附近，参考台站与 k 台站保持一定距离是为了使它的磁场不包含异常场成分，但它又不能离 k 台站太远，以使它与 k 台站有共同的源场。

一般来说，当电流体系较高时，如在电离层和磁层，在中低纬度地区源场在 1000 千米范围内可视为准均匀。但是，高空电流体系有时也会有一些地方性扰动。甚至有时准均匀的假设都达不到，使得转换函数的计算中产生源场效应问题。也就是说，源场效应会造成某些数据较大的偏离，最终影响到估计值的准确性。若源场效应的影响是随机的，则对估计值不会有太大的影响，只会造成估计值的误差；若不是随机的，则会造成估计值的偏离。

5.2　复转换函数的计算方法

5.2.1　复转换函数两种计算方法分析

在实际问题中，输入和输出是经过采样得到的离散时间序列，而线性系统特性的数学表达式又是未知的，只有通过实测的输入、输出值求出转换函数以描述系统的特性。从一些参考文献中我们看到求复转换函数有两种计算方法：①对某一事件三个分量的时间序列，求它们的自谱和互谱，然后利用式（5.6）求转换函数（Banks，1975；Shiraki，1980）；②对一系列事件三个分量的时间序列进行离散傅里叶变换，用式（5.7）求出各周期成分的余谱、求积谱。然后，用复数最小二乘法推导的式（5.12），求各周期转换函数的值（Everett et al.，1967；Yanagihara et al.，1976）。

$$A=(P_{zh}P_{dd}-P_{dh}P_{zd})/(P_{hh}P_{dd}-P_{hd}P_{dh})$$
$$B=(P_{zd}P_{hh}-P_{hd}P_{zh})/(P_{hh}P_{dd}-P_{hd}P_{dh})$$

$$(5.6)$$

式中，P_{hh}、P_{dd}是自谱，即功率谱；P_{zh}、P_{zd}、P_{hd}是互谱。自谱（功率谱）是$F(\omega)^2$，互谱是两个分量的$F(\omega)$相乘。如果H分量的自谱（功率谱）记作$F_h(\omega)^* \cdot F_h(\omega)$，那么互谱$P_{hd}$则是$F_h(\omega)^* \cdot F_d(\omega)$。功率谱互谱方法由于只用一个事件即可求转换函数，所以要求样本长度较长。一般为24小时或12小时。由于24小时或12小时不能避开各种连续的扰动（如磁暴）和日变化，源场准均匀的假设很难满足，所以计算结果涨落较大。有时又用多个时间段的转换函数求平均，或者对事件和结果进行筛选。有国外的学者用五个时段的转换函数值求平均。

我们采取余谱、求积谱方法，这是因为，①长时间扰动多在磁暴期间，有时扰动很激烈，而我们希望取中等扰动以保证源场准均匀的假设；②采用复数最小二乘法，样本长度可以短一些，因而可以选取的事件多一些；③便于利用各种稳健统计方法，以消除源场效应及各种干扰的影响。

5.2.2 余谱求积谱方法及求转换函数公式的推导

对每个事件的h、d、z时间序列进行离散傅里叶变换，得到三个分量的振幅谱$|F(\omega)|$、相位谱$\phi(\omega)$、余谱$a(\omega)$和求积谱$b(\omega)$。它们之间遵从下面的关系：

$$F(\omega) = \frac{1}{n}\sum_{j=1}^{n} f(t_j)e^{-i\omega t_j}$$
$$F(\omega) = a(\omega) + ib(\omega) = |F(\omega)|e^{i\phi(\omega)}$$
$$|F(\omega)| = [a^2(\omega)+b^2(\omega)]^{1/2}$$
$$\phi(\omega) = \tan^{-1}[b(\omega)/a(\omega)] + 2k\pi \qquad k = 0, \pm 1, \pm 2, \cdots$$

$$(5.7)$$

用复数最小二乘法可推导出求A_u、A_v、B_u、B_v的公式。用H、D、Z分别表示h、d、z时间序列经过傅里叶变换后某给定周期的谱成分，它们是复数，残差平方和为：

$$Q = \sum_{j=1}^{m} \varepsilon_j \overline{\varepsilon_j} = \sum_{j=1}^{m} (Z_j - AH_j - BD_j)(\overline{Z_j} - \overline{A}\,\overline{H_j} - \overline{B}\,\overline{D_j})$$

式中，j是事件的序号，m是总的事件数。

令

$$P = \sum H_j \overline{Z_j}, \quad O = \sum D_j \overline{Z_j}, \quad N = \sum H_j \overline{H_j},$$
$$X = \sum H_j \overline{D_j}, \quad W = \sum D_i \overline{D_j} \tag{5.8}$$

其中,$\overline{D_j}$是 D_j 的共轭复数,则有:

$$Q = \sum Z_z \overline{Z_z} - (\overline{A}\,\overline{P} + AP) - (\overline{B}\,\overline{O} + BO) + A\overline{A}N + B\overline{B}W + A\overline{B}X + B\overline{A}\,\overline{X}$$

为使残差平方和达到最小,需对 A、B 的实部和虚部分别求出偏微商:

$$\frac{\partial Q}{\partial A_u} = -(P + \overline{P}) + 2A_u N + \overline{B}X + B\overline{X}$$
$$\frac{\partial Q}{\partial A_v} = -i(P - \overline{P}) + 2A_v N + i\overline{B}X - iB\overline{X} \tag{5.9}$$

令偏微商等于零,则:

$$A_u = (P + \overline{P} - \overline{B}X - B\overline{X})/2N$$
$$A_v = i(P - \overline{P} - \overline{B}X + B\overline{X})/2N$$
$$A = A_u + iA_v \tag{5.10}$$
$$\overline{P} - AN - B\overline{X} = 0$$

同理可得:

$$\overline{O} - AX - BW = 0 \tag{5.11}$$

由式(5.10)和式(5.11)联立求解,式(5.10)乘 X,式(5.11)乘 N,可求 B;(5.10)式乘 W,(5.11)式乘 $\overline{X}$,可求得 A。于是有:

$$A = (\overline{P}W - \overline{O}\,\overline{X})/(NW - X\overline{X})$$
$$B = (\overline{O}N - \overline{P}X)/(NW - X\overline{X}) \tag{5.12}$$

这就是用复数最小二乘法推导的公式,由于是 Everett 和 Hyndman(1967)最先推导出来,所以这个公式又称做 Everett-Hyndman 公式(卢振恒和龚绍京,1987)。

5.3　数据处理

5.3.1　谱分析方法及样本长度的选取

后来发展的快速傅里叶变换(FFT),比起先计算相关函数,然后进行变换求谱的方法,其好处是减少计算机的处理时间,且增加了计算精度。FFT 的样本长度一般取 2^g(g 取正整数)。以后又发展了最大熵谱、沃希序贯谱、最大似然谱、Sompi(日语"存否"之意)谱等。最大似然谱是一种低效率的方法(Bater,1978)。Sompi 谱是较晚发展起来的一种谱,它的好处是:①得到的是线谱,因而分辨率高;②只需要比 FFT 方法短的样本长度,就能得到同样的最大周期(Asakawa et al.,1988)。对

FFT、Sompi 谱和最大熵谱（AR）三种方法做比较,见图 5.1。输入一人造信号,该信号由 0.25 和 0.26 两种频率的正弦波和白噪声组成。对 $N=256$ 的情况,三种方法都分辨出了两种频率。当 $N=128$ 时,FFT 出现了许多假的频率成分。最大熵谱法中,无论 N 的哪种情况,都有许多假的频率成分(Asakawa et al.,1988)。用 Sompi 方法计算转换函数很繁琐。Sompi 方法的优点之一是它得出的是线谱。但它的缺点也正在这里:由 Sompi 方法算得的衡量噪声功率的标准比实际输入的噪声水平要大。实际的地磁变化往往包含丰富的频率成分,Sompi 法确定的噪声水平较高,用此噪声水平确定"存否",可能忽略掉某些振幅不是太大的频率成分(陈伯舫,1992)。FFT 虽不是线谱而存在所谓奈奎斯互间隔,但是,一方面可用增加样本长度的办法来弥补。另一方面,转换函数是研究各分量间的相互关系,需要的只是相对频谱,对某一频率成分,谱线扩散到一定宽度对三个分量是一样的。而且,穿透深度只与周期的平方根呈正比,所以对频率分辨率的要求也不是很高。

图 5.1 对 $N=256$、128、64、32 四种情况分别画出 Sompi(存否)、FFT(快速傅里叶变换)、AR(最大熵谱)的谱值分布。可以看出:用比较方便适用的 FFT 方法,只有当 $N=256$ 以上时效果才较好,显示出了两个峰值。Sompi 谱比较繁琐,而最大熵谱的效果最差。我们打算用快速傅里叶变换(FFT)。

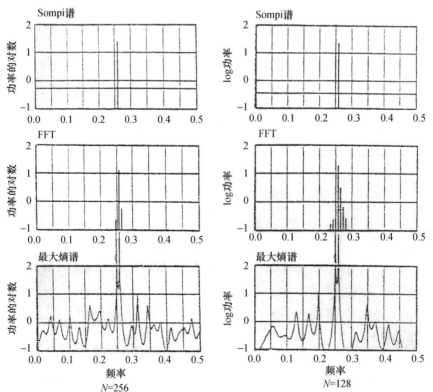

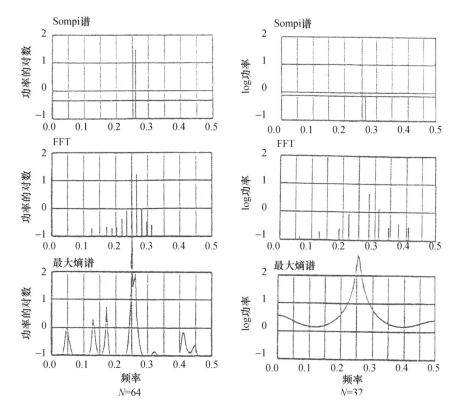

图 5.1　三种谱分析方法(Sompi、FFT、AR)的比较(Asakawa et al.,1988)

5.3.2　采样间隔 **Δ*t*、**样本长度 ***N***、记录长度 ***T*** 及事件数的选取

　　光记录的磁照图上的地磁场曲线是连续信号,数字化后变成离散信号。在将连续信号变成离散信号计算转换函数的过程中,需要选择适当的采样间隔、样本长度、记录长度和事件数,以便使得出的估算结果较为可靠,同时又能兼顾实际需要。图5.2是有限和无限样本长度的 FFT 结果,展示了所谓的"奈奎斯互间隔",对记录长度 *T* 提出要求。

　　图 5.2 的下图(图 5.2b)是无限记录长度样本的傅里叶变换,得到的是线谱。上图(图 5.2a)是有限长度样本的傅里叶变换,做出来的结果是:原来集中的线谱扩散到宽度为 $\Delta\omega=2\pi/T$ 的整个频带上,出现所谓的奈奎斯互间隔,并且有个衰减的过程。为了能分辨两个相邻的谱峰,记录长度 *T* 必须足够长。具体需要 $\Delta\omega$ 多大?则看我们对分辨率的要求。分辨率要求愈高,则 $\Delta\omega$ 愈小愈好,*T* 则愈大愈好。

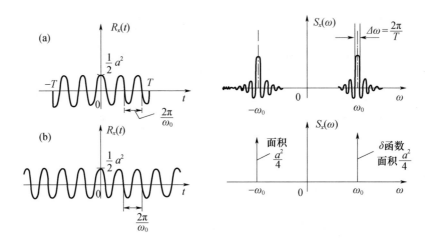

图 5.2　有限长(a)与无限长(b)余弦函数的傅里叶变换之间的比较(钮兰,1980)

由图 5.3 可见,当采样频率 ω_s 大于连续谱所含的最高频率 ω_{max} 的 2 倍,即 $\omega_s > 2\omega_{max}$ 时,离散信号 $\varepsilon^*(t)$ 的频谱 $|\varepsilon^*(j\omega)|$ 是由无穷多个孤立频谱组成的离散频谱,其中与 $n=0$ 对应的便是采样前原连续信号 $\varepsilon(t)$ 的频谱,只是幅度为原来的 $1/T_0$。其他与 $|n| \geqslant 1$ 对应的各项频谱都是由于采样而产生的高频频谱。对于图 5.3 中 $\omega_s < 2\omega_{max}$ 的情况,离散信号 $\varepsilon^*(t)$ 的频谱 $|\varepsilon^*(j\omega)|$ 不再由孤立谱构成,而是一种与原连续函数 $\varepsilon(t)$ 的频谱 $|\varepsilon(j\omega)|$ 毫不相似的连续谱。从图看到,为使与 $n=0$ 项对应的原连续信号频谱不发生畸变,须使采样频率 ω_s 足够高,以拉开各项频谱之间的距离,使得能分辨出各项频谱。

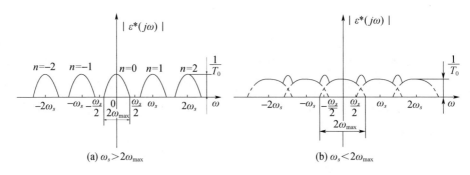

图 5.3　离散信号的频谱(钮兰,1980)

这里,ω 是圆频率,它与频率之间的关系是 $\omega = 2\pi f$(f 是频率)。采样频率记为 f_s,$f_s = 1/\Delta t$,得 $\Delta t = 2\pi/\omega_s$。由于采样频率必须大于连续谱所含的最高频率 ω_{max} 的 2 倍,也就是 $\omega_s > 2\omega_{max}$。用频率表示,则必须满足 $f_s > 2f_{max}$,换成采样间隔,则是 $\Delta t < period_{min}/2$,即采样间隔必须小于连续信号的最短周期(或者是我们想要的最短

周期)的二分之一。

从图 5.3 可知,为使离散信号能尽量反映连续信号而不失真,至少采样频率应为实际最高频率或我们拟获取的最高频率的 3 倍。而原始数据中高于我们所需频率的成分,要先用低通或带通滤波将其滤掉。也就是说,采样间隔 Δt 应是我们拟获取的最小周期的三分之一或更小。记录长度 T 则决定分辨率,即决定"奈奎斯互间隔"的大小。同时记录长度还应是我们想要的最长周期的数倍,至少应是 2 倍。而不想要的更长的周期成分也需要滤掉。从以前的震例看,40 多分钟甚至 60 分钟还有不大的异常。至 96 分钟时异常才不明显。为获得较宽的周期范围以判断电性异常达到的深度,我们想要的最长周期为 1.0～1.5 小时。样本长度 $N=T/\Delta t$。如果用快速傅里叶变换 (FFT),N 应是 2 的整次方,如前所述,至少应为 $2^8=256$。如采用经预处理的分钟数据,$\Delta t=60$ 秒,如选 $N=256$,则 $T=256$ 分钟,即 T 为 $4^h16'$。这三者的关系及如何选取,可以根据数据情况及需要进行修改。如取 $N=2^9$,当 $\Delta t=20$ 秒时,记录长度 $T=10240$ 秒(T 为 $2^h50'40''$),接近 3 小时。如取 $N=2^{10}$,当 $\Delta t=20$ 秒时,记录长度 $T=20480$ 秒(T 为 $5^h41'20''$)。谱分析的分辨率,即能够分辨的相邻频率之差是 $\Delta\omega=2\pi/T$,即所谓的"奈奎斯互间隔"与记录长度有关。记录长度 T 愈长,分辨率愈高,得到的频率成分(频点)也愈多。只是在实际运用中,我们并不需要很高的频率分辨率。因为我们只需要在某一定深度范围内转换函数的平均取值和该取值随时间的变化。所以最重要的还是选取采样间隔和样本长度,由这两项确定记录长度,$T=N\cdot\Delta t$。

样本长度 N 和记录长度 T 以及每求一组转换函数的事件数 m 的选取,也与资料的情况和检测异常的需要有关。对磁变仪资料,在确定好样本长度和欲选取的事件长度后,可以反过来选择采样间隔。例如,湾扰一般持续 2～3 小时(由它的平稳阶段、起始、湾扰主相到恢复),则我们可以根据这点选好记录长度,然后根据样本长度必须大于 256 来反算采样间隔。对于数字记录资料,如是秒数据,若选 $N=2^9$,$\Delta t=20$ 秒,则记录长度才 1.7 小时,虽则事件数可以多些,时间点可以密一些,但只能检测到较短周期的转换函数值,不能得到较长周期(如 1 小时以上)的转换函数值,显然 1.7 小时的记录长度一般是不行的。如打算研究转换函数的时间变化以察觉地震前兆,若想检测到短期前兆,则时间点应该密一些,则每求一组转换函数的事件数 m 不可能太多。如想看转换函数的长期变化,则周期范围应该宽一些,事件数 m 可以大些。但不管是哪种情况,事件数都不能太小,参考图 4.2,m 不能小于 12～15。若是研究电性结构,选择的周期范围应宽一些,事件数也可以更多一些。

5.3.3　事件的选取

做转换函数时,需不需要认真地挑选事件?有一种观点认为可选每天地铁干扰较小的午夜时段,例如地方时 00—05 时,而不管当天是否有扰动。这样做起来比较省事,但我们偏向于需要认真挑选事件。因为地震前兆信息是比较微弱的,处理资料时应该尽量提高信噪比。有时午夜时分并没有比较大的扰动,即没有我们所需的信号,这样信噪比就不高。有时,较大的扰动不是在午夜发生,而是叠加在某些较长周期的变化之上(如磁暴的主相),因为可以滤波,又因为我们并没有选这种长周期的结果,因此不是午夜也有可以选取事件的,如下午时段。为了得到比较好的信噪比,自然是选信号较强(即扰动较大)的事件为好。

我们知道,即使地下电性结构是水平分层且横向均匀的,若源场不能满足垂直入射和均匀的条件,则 $Z_n \neq 0$,式(5.3)中转换矩阵的第三列不能忽略。同时由于源场不均匀,相距一定距离的两个台站即使处于同一水平分层且横向均匀的电性结构,它们的水平场 H_n、D_n 也会有些差别,因而用参考台站的磁场代表研究地区的正常场也只是一种近似处理。在中低纬度,我们只能认为一般源场是垂直入射且准均匀的,因而式(5.4)、(5.5)两式是近似成立。若源场的影响是随机的,则源场准均匀不会影响估计值有太大的偏离,但会造成一定的估计误差。为了满足源场准均匀的假设,我们尽量选全球同时发生的事件,不选地方性扰动如钩扰。而且不选特别激烈的扰动而只选中强程度或较为突出的扰动,如一般的连续扰动、湾扰和磁暴中符合要求的时段。特别激烈扰动多发生在磁暴的前期,而磁暴是太阳粒子流到达地球引起的,太阳粒子流难免结构不均匀,造成两个台站之间高空电流体系的影响有些差别。事实上,地方性扰动和全球扰动是叠加在一起的,很难区分。所以有时也会有一些造成较大偏离的事件,这就是后面我们要引进 Robust(稳健)估计的原因。

选择事件时,要使所选事件包含我们所想要的周期成分。根据过去的震例,列出各地震异常最大周期。如表5.1所示。

表 5.1 各地震异常最大的周期

地震	台站	参数	异常性质	异常最大周期	次大周期	无明显异常周期	震级
菏泽	菏泽	A_u	中短期前兆	4.0~9.8 min	10.6~18.3 min	21.3~32.0 min	5.9
花莲	仑坪	C_v、F_v	中期	25.0 min	32.0 min	96.0 min	7.6
卡莱尔	ESR	C_u、F_u	短期	0.8~1.2 min	2.5~4.2 min	33.3~66.7 min	5.0
唐山	昌黎	$\Delta Z/\Delta H$	中长	前沿 7~10 min	前沿 4~6 min	前沿 11~20 min	7.8
		C_v、F_v	中期	24.4 min	32.0 min	96.0 min	7.8
		C_u	短期	27.4 min	22.7,17.0 min		
		C_v	短期	32.0 min	27.4,48.0 min		
		F_u	短期	22.7 min	17.0,27.4 min		
		F_v	短期	27.4 min	22.7,32.0 min		

注:这里,前沿只取了上升或下降的一段,只能看做半个周期。但不是严格意义上的半周期。

由表 5.1 看出,我们应该选取包含周期成分 1 分钟到 1 小时多的事件,而重点是含周期 1～40 分钟的事件。表 5.1 中我们对水平场转换函数没有做出较小周期(P<17 分钟)的结果。因为磁变仪的时间服务误差和采样误差会造成虚假的谱成分,对较短周期的估计值影响较大,效果不好。以后用磁通门磁力仪,时间服务精确,应能做出较短周期的水平场转换函数。

事件选择的另一个重要原则是要识别和避开各种干扰,如电法读数、地铁、高铁、超高压输电线以及游散电流和各种环境的干扰,也要避开日变化。

5.4　误差计算公式

在 Everett 等(1967)的文章中给出了用余谱、求积谱和复数最小二乘法推导的计算转换函数公式,见式(5.12)。并且该文给出了复转换函数 A、B 模的误差。我们需要知道 A、B 实部和虚部的误差。为此作者特用许多时间做了推导,并将推导过程寄给陈伯舫博士,请他验证推导的结果(Gong et al.,1991;龚绍京 等,2015)。

用单位矢量方法和拉格朗日(Lagrange)乘数法也可以推导出求转换函数的计算公式(5.12),并能求出它们实部和虚部的误差。只是误差公式的推导十分繁琐,这里只简要介绍过程,写出结果。

把估算的转换函数 (A,B) 看作理想转换函数 (A',B') 的无偏估计,即 $E(A)=A'$,$E(B)=B'$。残差 ε_j 是 ε_j' 的无偏估计,$E(\varepsilon_j)=\varepsilon_j'$。这里 E 代表"期望"的意思,$E(\varepsilon_j)$ 是 ε_j 的期望值,也就是理想值。则:

$$Z_j = AH_j + BD_j + \varepsilon_j = A'H_j + B'D_j + \varepsilon_j' \tag{5.13}$$

式中,j 是事件的序数,$E(A)$ 表示 A 的期望值。所有的量都是复数。取 δA 为 A 的误差,$A=A'+\delta A$。

对单位矢量方法,设定一个复数加权因子,$r_j=p_j+iq_j$,并令:

$$\sum_1^m r_j(H_j,D_j,Z_j) = (1,0,A)$$

则:

$$\sum_1^m r_jH_j = 1, \sum_1^m r_jD_j = 0, \sum_1^m r_jZ_j = A \tag{5.14}$$

$$A = \sum_1^m r_jZ_j = \sum_1^m r_j(A'H_j + B'D_j + \varepsilon_j') = A'\sum_1^m r_jH_j + B'\sum_1^m r_jD_j + \sum_1^m r_j\varepsilon_j'$$

利用式(5.14)则上式变为:$A = A' + \sum_1^m r_j\varepsilon_j'$

$$\delta A = \sum_1^m r_j\varepsilon_j' \tag{5.15}$$

现在要想办法求出 r_j 的表达式。同时，ε'_j 也是未知的。

视 $r_j\varepsilon'_j$ 序列为白噪声序列。白噪声序列的自协方差有下面的性质：

$$S_{jl} = EX_jX_l = \sigma_a^2\delta_{jl}$$

$$\delta_{jl} = 1, j = l$$

$$\delta_{jl} = 0, j \neq l$$

利用上面的性质和 Lagrange 乘数法，可求得：

$$r_j = (W\overline{H_j} - \overline{X}\,\overline{D_j})/(NW - X\overline{X}), A = (\overline{P}W - \overline{O}\,\overline{X})/(NW - X\overline{X}) \quad (5.16)$$

对 B 可设 $\displaystyle\sum_1^m \zeta(H_j, D_j, Z_j) = (0, 1, B')$。

同理可得：

$$\zeta_j = (N\overline{D_j} - X\overline{H_j})/(NW - X\overline{X}), B = (\overline{O}N - \overline{P}X)/(NW - X\overline{X}) \quad (5.17)$$

$$\zeta_j = \alpha_j + i\beta_j$$

在实际运算中，只知道实际算出的残差 ε_j，ε'_j 是未知的。但因为 ε_j 是 ε'_j 的无偏估计，我们推导出实部和虚部的误差公式：

$$\delta A_u^2 = \frac{m-1}{m-2}\sum_1^m (p_j\varepsilon_{uj} - q_j\varepsilon_{vj})^2$$

$$\delta A_v^2 = \frac{m-1}{m-2}\sum_1^m (p_j\varepsilon_{vj} + q_j\varepsilon_{uj})^2 \quad (5.18)$$

$$p_j = (WH_{uj} - X_uD_{uj} + X_vD_{vj})/(NW - X\overline{X})$$

$$q_j = (X_uD_{vj} + X_vD_{uj} - WH_{vj})/(NW - X\overline{X}) \quad (5.19)$$

式中，下标 u 代表实部，v 代表虚部。同理，也可推导出 B 实部和虚部的误差：

$$\delta B_u^2 = \frac{m-1}{m-2}\sum_1^m (\alpha_j\varepsilon_{uj} - \beta_j\varepsilon_{vj})^2$$

$$\delta B_v^2 = \frac{m-1}{m-2}\sum_1^m (\alpha_j\varepsilon_{vj} + \beta_j\varepsilon_{uj})^2 \quad (5.20)$$

$$\alpha_j = (ND_{uj} - X_uH_{uj} - X_vH_{vj})/(NW - \overline{XX})$$

$$\beta_j = (X_uH_{vj} - X_vH_{uj} - ND_{vj})/(NW - \overline{XX}) \quad (5.21)$$

推导过程中没有下标 u、v 的大写英文字母都为复数，例如：$X = X_u + iX_v$。

5.5 Robust(稳健)估计的引入

我们是在研究台湾花莲 7.6 级地震时考虑引入 Robust(稳健)估计方法的。当时陈伯舫博士已做了仑坪台的"转换函数"a、b(chen,1981)，我们打算用仑坪和泉州的资料做水平场台际转换函数。当时国内外关于水平场台际转换函数的震例只有一个,即卡莱尔 5.0 级地震。但卡莱尔地震用的是铷蒸汽磁力仪资料,仪器的计时精度很高。磁变仪的计时精度以分钟为单位,这给式(5.5)中的异常场值带来很大误差。为了使用磁变仪资料做水平场台际转换函数的努力能取得成功,我们学习并引入 Robust(稳健)估计。

5.5.1　Robust(稳健)估计方法的基本原理

Robust(稳健)估计方法是 20 世纪 80 年代迅速发展起来的一种统计方法(Huber,1981;Egbert et al. ,1986)。1953 年 G. E. P. Box 最先提出 Robustness(稳健性)的概念。1964 年 P. J. Huber 发表了以《位置参数的稳健估计》为题的开创性论文。1981 年 P. J. Huber 出版了第一本系统论述稳健统计学的专著(Huber,1981)。稳健估计最初又叫作"抗差估计",它的中心思想是选择某种统计量,使理想假设不受某些偏离数据的影响,并引出了"极端点"(outlier points)的概念。在实际估算复转换函数时,由于源场准均匀的假设只是不同程度的成立,源场不均匀产生源场效应,还有仪器噪声和环境干扰等原因,会使某些数据有较大偏离。同时,所选各事件的强度也不相同,因此在进行复数最小二乘法时,各事件所占的权重也是不同的。过去曾用去掉某些坏数据的办法,后来发展了加权最小二乘法,以减小偏离较大数据的权重(陈伯舫,1998),使个别偏离较大的项的"权"小于 1。稳健估计则比加权最小二乘法更进一步,对不同残差的数据加不同的权,通过反复迭代使估计值趋于稳定。

稳健估计方法已经发展出一系列理论,并有一些不同的稳健估计量。如 L-估计,它是顺序统计的一种线性组合,最适合做中心值的估计。R-估计是基于秩检验的估计。M-估计主要用于参数估计,我们只是初步应用了 M-估计。

对任一模型 $y(x_j,a)$,x_j 为自变量,a 是待估参数,它们都可以是矢量,y 为函数形式。y_j 是对应于 x_j 的实测函数值,是因变量。引入损失函数 ρ,构成一个误差判据:

$$M = \sum \rho[y_j,y(x_j,a)]$$

要使这个判据极小化,即使 ρ 函数的微商等于零。一般情况下,函数 ρ 并不是独立地依赖于它的两个变量——实测值 y_j 和预测值 $y(x_j,a)$,而是仅依赖于它们的差 $y_j-y(x_j,a)$,或至少依赖于这个差的某种加权值:$z=[y_j-y(x_j,a)]/\eta_j$,η_j 为加权因子。当 z 遵从不同分布时,ρ 有不同的表达形式。当 z 遵从正态分布时(极端点除外),一般假定 $\rho(z)=z^2/2$,它的微商 $\varphi(z)=z$。采用迭代的方法,用权 $W(z)=\varphi(z)/z$,修正 y_j,使 M 变量极小化。对遵从正态分布的数据,$W(z_j)=1$。对坏数据,$W(z_j)\neq1$。在实际问题中,权 $W(z_j)$ 一般采用下面的形式:

$$W(z_j)=\begin{cases} 1 & z_j\leqslant P \\ P/z_j & z_j>P \end{cases} \tag{5.22}$$

进行稳健估计时,需要进行多次迭代,不断修正权 $W(z_j)$ 的取值,直至估计值趋于稳定。

5.5.2 控制参量的设定

具体进行 Robust 估计时,需要设定两个控制参量:一是式(5.22)中的 $W(z_j)$;二是迭代终止的判据。在 Matlab 语言中,Robustfit 函数的控制参量和权 $W(z_j)$ 有许多形式。在 20 世纪 90 年代初没用 Matlab 之前我们的做法如下。

以第一次未加权算得的转换函数值为初值,根据初值可算得各个事件的残差 ε_j:

$$\varepsilon_j = \varepsilon_{uj} + i\varepsilon_{vj}, \quad \varepsilon_j^2 = \varepsilon_{uj}^2 + \varepsilon_{vj}^2$$

令 $SE = \left[\left(\sum_1^m \varepsilon_j^2 \right) / m \right]^{1/2}$ 。

用 SE 来确定控制参量 P。当求转换函数 A、B 时,式(5.22)中的判据采用 $z_j = \varepsilon_{zj}$。当求 C、G 时 $z_j = \varepsilon_{hj}$。求 E、F 时 $z_j = \varepsilon_{dj}$。根据式(5.4)、(5.5),相应的 y_j 就是 Z、H_a、D_a。我们采取对所有事件加权的做法,也就是减少 $z_j > p$ 事件在估算时所占的权重;而 $z_j \leqslant p$ 事件的权为 1。每迭代一次要重新估算权(也就是 P)的取值。直至估计值趋于稳定。可以取 $P = 1.2SE$、$P = 1.5SE$、$P = 1.8SE$、$P = 2.0SE$,但大概不能再大。我们经过试验研究,取 $P = 1.4SE$。

迭代终止控制参量可以有各种设定方法。我们是这样设定的:每次迭代都能算出转换函数实部和虚部的误差,记为 DAR、DAI、DBR、DBI,当下一次算出的转换函数与本次的差分别大于相应误差的 1/10 时,还要进行迭代,否则终止迭代。注意,只有当所有 4 个参数都满足条件时迭代才终止。如果把 A、B 实部和虚部两次计算的差记为 ΔB_u、ΔB_v、ΔA_u、ΔA_v,则只有当下面条件都满足时,迭代才终止:

$$\begin{aligned}
\Delta A_u &< DAR/10 \\
\Delta A_v &< DAI/10 \\
\Delta B_u &< DBR/10 \\
\Delta B_v &< DBI/10
\end{aligned} \tag{5.23}$$

可见,在计算过程中,两个判据是自动生成的,只有 $P = 1.4SE$ 中的系数 1.4 和式(5.23)中的 1/10 是人为设定的,是否合理要视实际运算的效果而定。

5.5.3 Robust 估计的效果

Robust 估计的效果由表 5.2、表 5.3 和图 5.4 可以看出。

表 5.2 和表 5.3 中粗黑线的左边是初值。有些初值是第一次计算的结果,有些初值是我们故意设定的或随意设定的。表中粗黑线的右边是经迭代后的最终值。可以看出,不论设定何种初值,最后都能收敛到唯一的稳定估计值。在实际工作中,

也有过迭代不能终止的情况,逐个检查每一事件,发现有一事件 2 个台站的采样序列错位 1 小时,说明这组数据有错,须检查更正。数据若由两群差别较大的群落组成,赋予不同的初值,最终结果或是偏向这一群或是偏向那一群,却压低了另一群的权重,不会出现稳定的估计值。这种情况已背离了稳健估计方法只适用于少数极端点的假设,只能重新分组。不过需要重新分组的情况我们只遇到一次。这也提示我们,遇到偏离特别大的转换函数估计值,需要检查它的收敛性并给予不同的初值检查。

表 5.2　稳健估计方法的收敛性(1)

文件	A_{u_0}	A_{v_0}	B_{u_0}	B_{v_0}	A_u	δA_u	A_v	δA_v	B_u	δB_u	B_v	δB_v
LQ84	-0.152	-0.105	-0.01	-0.038	-0.163	0.0065	-0.102	0.0071	0.018	0.0103	-0.057	0.0132
	1.00	0.000	-0.015	-0.038	-0.164	0.0065	-0.102	0.0071	0.018	0.0103	-0.057	0.0135
Q847	0.166	0.077	-0.167	-0.038	0.163	0.003	0.0766	0.0052	-0.166	0.0091	-0.0349	0.0058
	0.001	0.002	0.004	0.004	0.165	0.004	0.0762	0.0054	-0.165	0.0099	-0.0381	0.0078
CZ02	0.0287	0.0067	0.0868	0.0024	-0.0549	0.0568	0.0035	0.0037	0.997	0.0351	0.0041	0.0031
	-0.467	0.0039	1.313	-0.0008	-0.0552	0.0567	0.0035	0.0037	0.997	0.0351	0.0041	0.0031
	-0.139	0.0026	1.064	0.0039	-0.0550	0.0568	0.0035	0.0037	0.997	0.0351	0.0041	0.0031
	-0.359	0.0045	4.085	0.000	-0.0550	0.0568	0.0035	0.0037	0.997	0.0351	0.0041	0.0031

表 5.3　稳健估计方法的收敛性(2)

周期	Au_0	Av_0	Bu_0	Bv_0	A_u	δA_u	B_u	δB_u	F_r°	δF_r°
64 min	0.35	0.5	0.2	0.01	0.0493	0.0189	0.1654	0.0373	106.6	9.5
	1	0.2	0.3	0	-0.0493	0.0189	0.1653	0.0373	106.6	9.5
	0	0.5	0.1	1	-0.0493	0.0189	0.1653	0.0373	106.6	9.6
	0.5	0.1	0	0.8	-0.0493	0.0189	0.1653	0.0373	106.6	9.6
40.7 min	0.35	0.5	0.2	0.01	-0.0871	0.0125	0.1633	0.0231	118.1	6.8
	1	0.2	0.3	0	-0.0871	0.0125	0.1633	0.0231	118.1	6.8
	0	0.5	0.1	1	-0.0871	0.0125	0.1633	0.0231	118.1	6.8
	0.5	0.1	0	0.8	-0.0871	0.0125	0.1633	0.0231	118.1	6.8
23.7 min	0.35	0.5	0.2	0.01	-0.1094	0.0082	0.1845	0.012	120.7	3.5
	1	0.2	0.3	0	-0.1094	0.0082	0.1845	0.012	120.7	3.5
	0	0.5	0.1	1	-0.1093	0.0082	0.1846	0.012	120.6	3.5
	0.5	0.1	0	0.8	-0.1093	0.0082	0.1846	0.0119	120.6	3.5
12.6 min	0.35	0.5	0.2	0.01	-0.1539	0.0107	0.1568	0.0396	134.4	9.2
	1	0.2	0.3	0	-0.1539	0.0107	0.1569	0.0396	134.4	9.2
	0	0.5	0.1	1	-0.1539	0.0107	0.1569	0.0396	134.5	9.2
	0.5	0.1	0	0.08	-0.1539	0.0107	0.1569	0.0396	134.5	9.2
7.2 min	0.35	0.5	0.2	0.01	-0.1552	0.0304	0.0634	0.0307	157.8	13.6
	1	0.2	0.3	0	-0.1547	0.0303	0.0639	0.0304	157.6	13.6
	0	0.5	0.1	1	-0.1549	0.0304	0.0637	0.0305	157.6	13.6
	0.5	0.1	0	0.08	-0.1548	0.0303	0.0638	0.0305	157.6	13.6

注:Au_0,Av_0,Bu_0,Bv_0 是任意设定的初值。

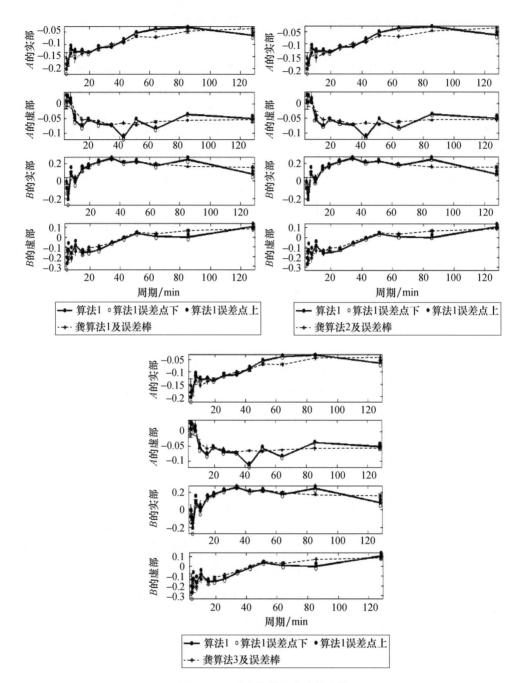

图 5.4　三种稳健估计方法的比较

(方法 1—实线;龚方法—虚线;从上至下,分别是龚方法 1、龚方法 2 和

龚方法 3—采用 Matlab 中的方法;文件名:CDP20081030—1110)

用磁变仪资料计算转换函数时,我们编制了 Fortran 语言程序,在该程序中根据文献的原理,选择了两种求残差的办法,设计了两种 Robust 估计。两种估计的效果是一致的。并对设计的稳健估计效果进行了检验;任意设定初值,最后都能趋于同一个估计值,见表 5.2 和表 5.3。表 5.2 给出了单台垂直场转换函数的检验结果,表 5.3 则有不同周期转换函数的检验结果。当时我们还没有 Matlab 语言,没有现存的 Robustfit 函数可以调用,以后在编制 Matlab 语言新程序时,又调用其中的 Robustfit 函数,经过试验,选择了其中一种。3 种 Robust 方法对比,结果很一致,在文献(龚绍京 等,2015)中有所叙述,见图 5.4。

图 5.4 中,作者共设计了三种 Robust 估计,龚算法 1 和龚算法 2 的残差的取法有所不同,龚算法 3 调用了 Matlab 中的子函数,调用时须考虑如何选择数学模型。3 种龚算法(三种 Robust 估计)都用虚线表示。方法 1(刘算法)用实线表示,是经过式(5.24)、式(5.25)的变换以后调用回归分析函数经过迭代估计的转换函数值。方法 1 做出的结果与图中用虚线表示的 3 种曲线存在差异,而 3 种虚线的差别在图中几乎看不出来(数值有小的差别)。这也进一步验证了作者过去和现在所采用方法的正确性。

5.6　几种计算方法的对比与讨论

5.6.1　复数最小二乘法(龚方法)与变换后的回归分析方法(方法 1)的比较

在求短周期变化参量 a,b 时,不少文章用了等式两边同除以 ΔH 或 ΔD,将二元回归问题转换成求一元回归直线的问题,如 Miyakoshi(1975)、Rikitake(1979)、Chen(1981)、龚绍京等(1986)等。

因此,在求复转换函数时,有的学者也试图采用这种办法。然而,我们在实际工作中发现这样做出来的结果与用复数最小二乘法的 Everett-Hyndman 公式求出的结果不一样,尤其当误差比较大时估计值相差较大。

对复数域的式(5.4)两边同除以 D,得式(5.24)、(5.25),即令 $Z/D = T_r + iT_i$,$H/D = S_r + iS_i$,则:

$$T_r + iT_i = (A_r + iA_i) \times (S_r + iS_i) + (B_r + iB_i) \tag{5.24}$$

对式(5.24)展开,并取实部、虚部分别相等,可以得到:

$$\begin{cases} T_r = A_r S_r - A_i S_i + B_r \\ T_i = A_i S_r + A_r S_i + B_i \end{cases} \quad j=1,2,\cdots,m \tag{5.25}$$

这里有 2 个自变量、2 个因变量、4 个待定参数,$j=1,\cdots,m$ 表示 T 和 S 有从 1

到 m 组数,所以式(5.25)表示有 $2m$ 个联立方程。调用 Matlab 中的回归函数 regress 求出参数 A 和 B,并做了稳健估计,记为方法 1。但是试验的结果是,当数据的残差比较小时,它与用式(5.12)的复数最小二乘法的结果(龚方法)比较相近;但当残差比较大时,两者差别很大。见图 5.5,实线代表方法 1,即变换后回归分析的结果;虚线用复数最小二乘法的 Everett-Hyndman 公式求出(龚方法)。

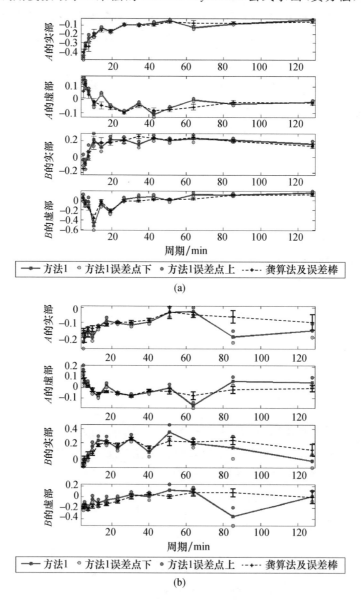

图 5.5 (a)两种算法差别不大(CDP20080505−12);(b)两种算法结果相差很大
(CDP20090711−21)

我们曾很长时间找不到出现这种差别的原因。由于求 a、b 时曾广泛采取先变换,将二元回归问题转换成求一元回归的问题,没有人指出过这样做有什么错误。

回归分析是研究事物(数据)之间的相关关系的一种数学工具。一元线性回归分析是讨论只有一个因变量和一个自变量时的线性关系,如 $y_j = a + bx_j + \varepsilon_j$。要用一系列 (y_j, x_j) 来求 a、b 值,采取的办法就是最小二乘法拟合。也就是说,判断回归线好坏的标准就是最小二乘法原理,即要使残差平方 ε_j^2(这里 ε_j 为实数)和最小。如果是多元回归,采取的还是最小二乘法原理(中国科学院计算中心概率统计组,1979)。

那为什么会出现这么大的差别呢? 反复推敲,方法 1 的公式(5.24)、(5.25)推导看似好像并没有问题,因为以前许多人都是这样做的。但存在两种结果总是不对的,必然有一个是对的,有一个是错的。经过很长时间的思索、探讨,我们决定做数值试验。

5.6.2　二元回归计算 a、b 与变换后求一元回归直线方法的比较

对实数即求 a、b 的情况,我们也进行了试验,发现也有同样的问题:对式(3.3),两边同除以 ΔH 或 ΔD,与直接用式(3.3)最小二乘法拟合求出的结果有相当的差别。

(1)一元回归与二元回归结果的比较程序

```
clc;
clear;
close all;
%=============读入数据=============
data=xlsread('ZHD. xls');
z=data(:,1)
h=data(:,3)
d=data(:,5)
m=25
%=============变换后做一元回归=============
y1=z. /h;
x1=d. /h;
disp('=====一元回归==========');
Ex=mean(x1);
Ey=mean(y1);
```

```
x＝x1－Ex；
y＝y1－Ey；
Lxx＝sum(x.^2)；
Lyy＝sum(y.^2)；
Lxy＝x' * y；
b1＝Lxy/Lxx
a1＝Ey－b1 * Ex
ss＝sqrt((Lyy－Lxy * b1)/(m－2))；
sb1＝ss/sqrt(Lxx)
sa1＝ss * sqrt(1/m＋Ex^2/Lxx)
%＝＝＝＝＝＝＝＝＝＝＝＝二元回归＝＝＝＝＝＝＝＝＝＝＝＝＝
disp('＝＝＝＝＝二元回归＝＝＝＝＝＝＝＝＝')；
L11＝sum(h.^2)；
L22＝sum(d.^2)；
L12＝d' * h；
L21＝L12；
L10＝z' * h；
L20＝z' * d；
a2＝(L22 * L10－L12 * L20)/(L22 * L11－L12 * L21)
b2＝(L11 * L20－L21 * L10)/(L22 * L11－L12 * L21)
e＝z－a2 * h－b2 * d
p＝(L22 * h－L12 * d)/(L22 * L11－L12 * L21)
q＝(L11 * d－L21 * h)/(L22 * L11－L12 * L21)
sa2＝sqrt((m－1) * sum((p. * e).^2)/(m－2))
sb2＝sqrt((m－1) * sum((q. * e).^2)/(m－2))
%＝＝＝＝＝＝＝＝＝＝＝＝＝显示结果＝＝＝＝＝＝＝＝＝＝＝＝＝
fid＝fopen('ZHD_res. txt','wt')；
fprintf(fid,'样本长度 m＝:\\n')；
fprintf(fid,'%f,\\n',m)；
fprintf(fid,'\\n')；
fprintf(fid,'一元回归结果:a1,b1,sa1,sb1:\\n')；
fprintf(fid,'%f,%f,%f,%f\\n',a1,b1,sa1,sb1)；
fprintf(fid,'\\n')
fprintf(fid,'二元回归结果:a2,b2,sa2,sb2:\\n')；
```

fprintf(fid,'%f,%f,%f,%f\\n',a2,b2,sa2,sb2);

fclose(fid);

（2）原始数据

表 5.4 人为设定的 ΔZ、ΔH、ΔD 数据

ΔZ	ΔH	ΔD
−70.1	−81.92	−81.92
4.89	2.98	3.88
−14.6	−15.918	11.264
−40.9	41.596	−44.005
45.0	−22.9	62.64
31.1	−20.5	34.97
34.8	49.162	17.331
33.2	26.9	−33.545
−90.5	29.449	−140.119
−3.601	140.626	45.678
25.7	−26.9	18.9
150.7	100.37	222.664
190.7	78.332	267.6
95.2	−129.395	56.031
74.6	22.394	105.711
271.5	300.025	235.148
155.2	−200	75.0
47.3	77.0	13.1
−116.4	−180	−44.1
83.6	30.9	131.1
90.5	101.4	75.0
78.1	35.8	100.7
−43.9	33.0	−44.4
−100.6	120.9	−77.6
−145.0	30.5	−150.8

（3）计算结果

样本长度：$m=25$，

一元回归结果：

a1,b1,sa1,sb1:0.095227,0.740558,0.135425,0.058790

二元回归结果：

a2,b2,sa2,sb2:−0.002584,0.868798,0.136654,0.090131

这里 sa1,sb1 是一元回归求出的 a1、b1 的误差。而 a2、b2、sa2、sb2 是二元回归的结果与误差。从这个结果看出,做没做变换,计算结果是有较大差别的。b 的差别按一元回归的结果看,已经超出了 2 倍误差范围,a 甚至反号。但总的来看,该结果的帕金森矢量是东西指向,b≫a。

(4)通海台程序——文件名:huiguiTHJ.m

```
clc;
clear;
close all;
%============读入数据=============
data=load('outputTHJ_L.txt');
T1=data(:,1);   %T1 是计算机上量图时的时间间隔,单位为"分钟"
DD=data(:,2);
DH=data(:,3);
DZ=data(:,4);
m=length(DD)
z=DZ;
h=DH;
d=DD;
%========变换后做一元回归=====省略========
y1=z. /h;
x1=d. /h;
%=========二元回归=====省略==========
%===========显示结果==========
fid=fopen('THJ_res. txt','wt');
fprintf(fid,'样本长度 m=:\\n');
fprintf(fid,'%f,\\n',m);
fprintf(fid,'\\n');
fprintf(fid,'一元回归结果:a1,b1,sa1,sb1:\\n');
fprintf(fid,'%f,%f,%f,%f\\n',a1,b1,sa1,sb1);
fprintf(fid,'\\n');
```

fprintf(fid,'二元回归结果：a2,b2,sa2,sb2：\\n');

fprintf(fid,'%f,%f,%f,%f\\n',a2,b2,sa2,sb2);

fclose(fid)；

(5)输入数据，见表 5.5。

表 5.5　通海台计算机上的量图数据

Δt	ΔD	ΔH	ΔZ
12.000000	4.600000	−5.100000	1.800000
18.000000	−5.500000	−0.300000	−3.200000
21.000000	13.300000	19.900000	6.000000
11.000000	2.000000	4.100000	0.400000
22.000000	9.300000	7.200000	4.800000
15.000000	−10.100000	−7.800000	−5.300000
9.000000	−5.500000	6.400000	−3.000000
15.000000	4.100000	1.000000	1.600000
13.000000	−5.100000	−1.100000	−2.300000
32.000000	−6.700000	4.500000	−3.700000
16.000000	4.000000	−7.600000	2.400000
18.000000	−0.300000	−10.500000	0.100000
12.000000	0.200000	15.600000	−0.100000
12.000000	−5.600000	8.100000	−2.400000
22.000000	−5.000000	5.200000	−2.300000
21.000000	7.900000	−8.600000	3.100000
14.000000	5.800000	−0.500000	1.700000
24.000000	−13.000000	2.500000	−4.800000
35.000000	−7.800000	−3.800000	−5.100000
21.000000	14.100000	7.000000	5.700000
15.000000	6.900000	4.000000	2.800000
11.000000	−6.200000	7.300000	−2.000000
15.000000	−3.400000	2.000000	−1.100000
16.000000	−1.100000	3.800000	−0.400000
23.000000	6.800000	−1.000000	3.800000
12.000000	−3.300000	1.100000	−1.100000
15.000000	3.800000	−2.200000	1.300000

Δt	ΔD	ΔH	ΔZ
12.000000	−2.200000	1.500000	−0.900000
19.000000	3.500000	0.500000	1.300000
15.000000	5.400000	−0.500000	2.500000
13.000000	−6.300000	6.300000	−2.800000
26.000000	−11.000000	−15.900000	−5.100000
24.000000	−7.200000	4.200000	−3.500000
15.000000	−8.900000	−1.000000	−4.800000
19.000000	1.300000	8.500000	0.500000
17.000000	2.600000	−3.100000	1.200000
14.000000	−2.800000	2.300000	−1.000000
16.000000	3.300000	4.400000	1.300000
25.000000	3.000000	16.200000	1.500000
37.000000	0.400000	−13.800000	−0.800000
28.000000	−2.700000	−4.000000	−1.600000
20.000000	3.800000	6.800000	1.400000
20.000000	−5.400000	−1.100000	−2.100000
21.000000	6.600000	9.400000	3.800000
10.000000	5.000000	−3.800000	1.700000
16.000000	−3.400000	−3.500000	−1.500000
12.000000	5.000000	7.700000	1.900000
17.000000	5.500000	−6.900000	1.400000
16.000000	−6.600000	2.400000	−4.000000
17.000000	8.800000	10.800000	2.500000
12.000000	4.800000	−6.100000	1.600000
12.000000	−8.000000	−0.900000	−3.700000
20.000000	−10.000000	−2.200000	−4.100000
12.000000	9.800000	−6.100000	4.700000
11.000000	−9.000000	9.800000	−4.200000
25.000000	−11.800000	−6.600000	−4.000000
14.000000	4.200000	13.500000	1.700000
17.000000	−29.300000	−22.500000	−10.700000

续表

Δt	ΔD	ΔH	ΔZ
22.000000	−0.600000	−6.700000	−0.600000
17.000000	−4.700000	1.100000	−2.300000
21.000000	6.300000	−3.400000	2.600000
14.000000	−3.200000	0.400000	−0.900000
26.000000	−6.700000	0.200000	−2.800000
21.000000	7.200000	2.800000	3.000000
13.000000	1.100000	4.400000	0.500000
10.000000	3.300000	5.000000	0.200000
17.000000	3.500000	2.800000	1.400000
10.000000	8.100000	−8.900000	2.700000
11.000000	6.000000	−1.900000	4.100000
25.000000	−6.700000	0.600000	−2.700000
21.000000	5.800000	−4.300000	2.100000
15.000000	−6.500000	−1.300000	−2.600000
14.000000	5.700000	−0.800000	2.000000
20.000000	−9.200000	0.700000	−7.400000
22.000000	12.000000	−4.100000	1.200000
24.000000	8.100000	−12.500000	3.000000
10.000000	−5.700000	−7.900000	−2.700000
17.000000	6.800000	4.000000	3.500000
21.000000	12.400000	−2.000000	4.700000
39.000000	−13.100000	19.000000	−7.300000
23.000000	9.500000	4.700000	5.900000
16.000000	15.900000	−3.300000	5.500000
37.000000	−14.100000	19.900000	−3.400000
40.000000	−6.200000	40.300000	−8.400000
20.000000	24.900000	−16.000000	9.200000
13.000000	8.900000	−3.300000	3.700000
8.000000	0.700000	4.000000	0.200000
15.000000	1.100000	11.400000	−2.100000
26.000000	−0.500000	−5.600000	−0.900000

续表

Δt	ΔD	ΔH	ΔZ
11.000000	−2.100000	−1.400000	−0.800000
30.000000	5.000000	−1.800000	1.400000
21.000000	3.900000	10.300000	2.400000
12.000000	4.500000	−4.900000	1.900000
12.000000	−8.300000	13.000000	−2.900000
31.000000	28.600000	−6.300000	12.900000
11.000000	−0.700000	−2.900000	−0.100000
17.000000	1.700000	7.600000	1.000000
30.000000	8.700000	−6.000000	4.000000
37.000000	−11.400000	6.700000	−5.200000
19.000000	−5.900000	13.000000	−2.100000
14.000000	−4.500000	−0.800000	−1.500000
20.000000	16.600000	15.600000	7.100000

(6)通海台结果

样本长度:$m=102$

一元回归结果:

a1,b1,sa1,sb1:0.046731,0.458210,0.063387,0.012139

二元回归结果:

a2,b2,sa2,sb2:−0.023225,0.418161,0.027831,0.014564

通海台一元和二元回归的结果差别较大,超过了 2 倍误差,a 还反号。不过两个结果通海台帕金森矢量都大体指向西,一元回归的结果是指向西略偏南,二元回归的结果是指向西略偏北。

看来 5.6.1 节开头提到的文章中将二元回归转换成一元回归的做法,严格说来是欠妥的。

我们初步的看法是:等式两边是可以除以同一个数或变量,但现在我们面临的并不是等式而是求回归系数,面临的是数理统计问题。严格来说,如果要写成等式,还应该有一个残差项。而经过变换以后,残差项已经变了。一元方程的残差和二元方程的残差已经不同了。

5.6.3　两种复数算法与林云芳—丁鉴海振幅谱算法的比较

过去,林云芳等(1999)、袁宝珠等(2009)曾声称他们求出的也是复转换函数,为了厘清是非,我们特将他的做法与我们的做法进行比较(龚绍京 等,2012)。

很长时间地震系统对复转换函数的算法流传着这样的概念。例如在《地震地磁学》(丁鉴海 等,1994)一书中提到:"帕金森矢量及转换函数的求解公式如下:对给定的各周期对应的振幅谱 ΔZ、ΔH 和 ΔD 生成数据矩阵,用最小二乘法解矩阵方程,求转换函数 A、B 及相应的其他变量:$A = A_u + iA_v,\cdots,I = \mathrm{tg}^{-1}(A_u^2 + B_u^2)^{1/2}\cdots$"。在另一本书《地震地磁学概论》中仍是这种说法(丁鉴海 等,2011)。我们认为这个提法不妥,我们不知道仅有振幅谱而没有相位谱如何能求出复转换函数 $A = A_u + iA_v,\cdots$? 因为由振幅谱 ΔZ、ΔH 和 ΔD 生成的数据矩阵中根本就没有虚数。

同样,曾在国内台站大面积普及的林云芳等(1999)的算法,他们仅用最大似然谱求出了功率谱,而前已述及"最大似然谱是一种低效率的方法"(Bater,1978)。他们利用功率谱求出振幅谱,利用式(3.3)求出了所谓"复转换函数的模 $|A|$、$|B|$"。本来式(3.3)是已知三个分量的变化幅度(ΔZ、ΔH、ΔD)求帕金森矢量系数 a,b 的。但他们认为求出了振幅谱再利用式(3.3),就可求出复转换函数的"模"(袁宝珠 等,2009;曾小苹 等,1995;林云芳 等,1999)。仅用振幅谱是无法算出复转换函数的,这不符合复数运算的基本概念。他们求出的不是真正的复转换函数的模,也不是真正的帕金森矢量系数。

现在将林云芳等(1999)的算法和我们复数最小二乘法算法及变换后回归分析法(算法1)结果做一对比。其程序、原始数据和结果列了下。

(1)三种算法的源程序(没有引用稳健估计)Bijiao0.m:

```
%=========三种方法的比较=============
clc;
clear;
close all;
data=xlsread('Heze8223.xls');
Zr=data(:,1);
Zi=data(:,2);
Hr=data(:,3);
Hi=data(:,4);
Dr=data(:,5);
Di=data(:,6);
m=16
%===============画曲线===============
plot(Zr,'r:')
hold on
```

```
plot(Zi,'r—')
plot(Hr,'b:')
plot(Hi,'b—')
plot(Dr,'g:')
plot(Di,'g—')
legend('Zr','Zi','Hr','Hi','Dr','Di');


disp('====Part 2:刘的算法——变换后做多元回归分析======');
  HH＝Hr＋i＊Hi;
  DD＝Dr＋i＊Di;
  ZZ＝Zr＋i＊Zi;
%=======Z＝A＊H＋B＊D,改为:Z/D＝A＊H/D＋B=======
  Tr＝real(ZZ./DD);   %可能会出现除0的情况
  Ti＝imag(ZZ./DD);
  Sr＝real(HH./DD);
  Si＝imag(HH./DD);
  Tr＝Tr';
  Ti＝Ti';
  Sr＝Sr';
  Si＝Si';
%==========回归矩阵构建=============
  bb＝[Tr
  Ti];
  onec＝ones(length(Tr),1);
  zeroc＝zeros(length(Tr),1);
  AA＝[Sr －Si onec zeroc
  Si Sr zeroc onec];
  [dd,bint]＝regress(bb,AA,0.05);
%利用regress回归函数计算,给出拟合系数dd和95%的置信区间bint
  Ar＝dd(1);
  Ai＝dd(2);
  Br＝dd(3);
  Bi＝dd(4);
  err1＝Tr－Ar.＊Sr＋Ai＊Si－Br;
```

```
err2＝Ti－Ar. ＊Si－Ai＊Sr－Bi；


disp('＝＝＝Part 3:林云芳的算法＝＝＝用振幅谱做实数最小二乘法＝＝＝')；
z＝sqrt(Zr. ^2＋Zi. ^2)；
h＝sqrt(Hr. ^2＋Hi. ^2)；
d＝sqrt(Dr. ^2＋Di. ^2)；
L11＝sum(h. ^2)；
L22＝sum(d. ^2)；
L12＝d'＊h；
L21＝L12；
L10＝z'＊h；
L20＝z'＊h；
A＝(L22＊L10－L12＊L20)/(L22＊L11－L12＊L21)；
B＝(L11＊L20－L21＊L10)/(L22＊L11－L12＊L21)；


disp('＝＝part 1:龚绍京的算法＝＝用余谱和求积谱做复数最小二乘法＝＝')；
LAMA＝ones(m,1)；
[AA,BB,DAr,DAi,DBr,DBi,E]＝auav(LAMA,Hr,Hi,Zr,Zi,Dr,Di,m)
Au＝real(AA)；
Av＝imag(AA)；
Aa＝abs(AA)；
Bu＝real(BB)；
Bv＝imag(BB)；
Bb＝abs(BB)；
%＝＝＝＝＝＝＝＝＝＝＝＝＝＝＝＝显示结果＝＝＝＝＝＝＝＝＝＝＝＝＝
fid＝fopen('HEZE8223_Rs. txt','wt')；
fprintf(fid,'林的结果：|A|and|B|:\n')；
fprintf(fid,'%f,%f\n',A,B)；
fprintf(fid,'\n')；
fprintf(fid,'龚的结果：A 的实部、虚部、模和误差:Au,Av,Aa,DAr,DAi:\n')；
fprintf(fid,'%f,%f,%f,%f,%f\n',Au,Av,Aa,DAr,DAi)；
fprintf(fid,'龚的结果：B 的实部、虚部、模和误差:Bu,Bv,Bb,DBr,DBi:\n')；
fprintf(fid,'%f,%f,%f,%f,%f\n',Bu,Bv,Bb,DBr,DBi)；
fprintf(fid,'\n')；
```

fprintf(fid,´刘的结果:A 和 B 的实部、虚部:Ar,Ai,Br,Bi\n´);

fprintf(fid,´%f,%f,%f,%f\n´,Ar,Ai,Br,Bi);

fclose(fid);

(2)采用的谱分析数据

表 5.6　菏泽台的谱分析数据(文件名:Heze8223)

Z_r	Z_i	H_r	H_i	D_r	D_i
14.313	13.053	299.758	207.099	−81.92	−5.638
1.15	−22.232	6.877	−324.757	1.276	60.834
−2.26	1.379	−15.918	29.446	11.264	−6.204
−1.201	9.315	41.596	237.184	−44.005	−48.19
−6.791	−11.623	−221.119	−51.875	62.64	64.932
−7.678	8.127	−204.152	204.212	34.97	6.99
12.303	−7.25	49.162	−131.245	17.331	49.253
5.896	−6.685	−167.383	−128.427	−33.545	8.858
14.733	12.27	29.449	−109.47	−140.119	52.778
−3.601	20.692	140.626	232.299	45.678	−103.083
12.641	22.213	260.299	−73.0	−189.26	−115.651
0.293	−39.001	100.37	−19.096	222.664	154.987
5.687	29.956	78.332	67.211	−267.696	−44.873
−3.578	−3.848	−129.395	−53.958	56.031	27.226
−8.79	−4.505	22.394	133.658	105.711	−25.142
13.053	−1.356	300.025	−81.92	235.148	−128.288

(3)三种方法的结果——计算结果:HEZE8223_Res

林的结果:|A|and|B|:

−0.013685,0.173074

龚的结果:A 的实部、虚部、模和误差:Au,Av,Aa,DAr,DAi:

0.046128,0.012308,**0.047742**,0.007510,0.010981

龚的结果:B 的实部、虚部、模和误差:Bu,Bv,Bb,DBr,DBi:

−0.044167,−0.072861,**0.085202**,0.018201,0.018532

刘的结果:A 和 B 的实部、虚部:Ar,Ai,Br,Bi

0.033974,0.006858,−0.069620,−0.053752

可以看出,龚算法和刘算法得到的结果有比较大的差别,但正负号是一致的。但如果用振幅谱去求 a、b,也把它看成是复转换函数的模,与龚算法算出的模(黑体)比较,则差别很大,甚至符号相反。

为便于比较,将对比情况列于表 5.7。

表 5.7　三种计算方法做出结果的比较

	Au	Av	Bu	Bv	$\lvert A \rvert$	$\lvert B \rvert$
复数最小二乘法	0.0461	0.0123	-0.0442	-0.0728	0.0477	0.0852
变换后回归分析	0.0340	0.0686	-0.0696	-0.0537		
振幅谱最小二乘法					-0.0137	0.173

第6章　复转换函数与电性结构

6.1　国外的研究成果

这方面的成果很多，我们只举几个例子。

6.1.1　澳洲南部的复帕金森矢量分布

图 6.1 是澳大利亚南部 10 个台站的结果，选择 1 小时周期的计算结果画出了实和虚帕金森矢量。实箭头代表转换函数的实部求出的帕金森矢量，虚箭头代表转换函数的虚部求出的帕金森矢量，以后我们就分别称之为实帕金森矢量、虚帕金森矢量。可以看出，虚矢量都比较小，规律不明显。实矢量有明显的海岸效应，愈靠近海岸实帕金森矢量愈大，如 ES 和 Na 两个点的实帕金森矢量最大。

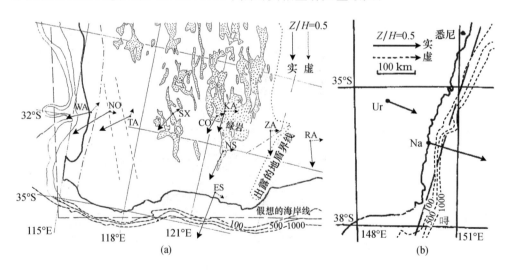

图 6.1　1 小时周期的帕金森矢量(Everett et al. ,1967)

(a)澳大利亚西南部;(b)澳大利亚东南部

6.1.2　英国的复帕金森矢量分布

从图 6.2 可以看出明显的海岸效应，在靠近大西洋的地方矢量最长并指向大洋。

同时还可看到,在英格兰和苏格兰之间、英格兰和爱尔兰之间的帕金森矢量是相向的。这是海峡地区的电流通道效应。实矢量(同相矢量)的规律比较明显,而虚矢量(正交矢量)的规律不那么明显。

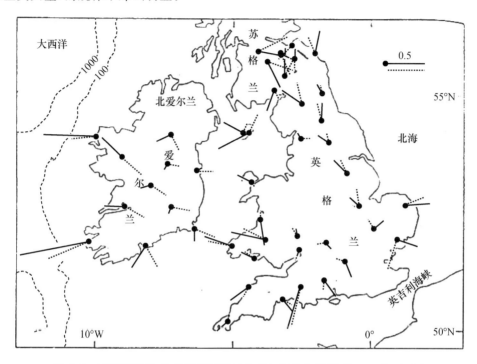

图 6.2　不列颠诸岛 40 分钟周期的帕金森矢量分布图(Bailey et al.,1976)

(实线和虚线分别代表同相和正交矢量)

6.1.3　横跨日本海沟的帕金森矢量分布

1981 年夏季,根据日美科学合作计划,行武毅等横跨日本海沟进行了 2 个月的磁场与电场的观测(Yukutake et al.,1983),在 6 个点安放了仪器,最远处距日本海岸 600 千米,距日本海沟中轴线 450 千米。测线基本沿北纬 39.5°横向布置,同时在日本本州北部进行了同步观测,目的是研究日本海沟的特征。图 6.3 中,沿测线的 6 个测点分别是 J_1、J_2、S_1、S_2、S_3、S_4,本州测点没有标明代号。取 A、B 的实部画出实帕金森矢量。矢量的方向按帕金森的定义,指向深海沟,但长度为威斯矢量的长度:$C=(A_u^2+B_u^2)^{1/2}$,即可以大于 1。可以看出,在日本海沟最陡的地方,即从 1000 米往 10000 米的过渡带,矢量的长度 C 最大,达到 1.7~1.9。而在本州陆地,矢量是发散的,在海岸的两个点比较大,C 达到约 0.8。而在海沟的东部海域,S_2、S_3、S_4 的矢量很小,甚至小于陆地,说明海底的电性结构是比较水平分层并横向均匀的。

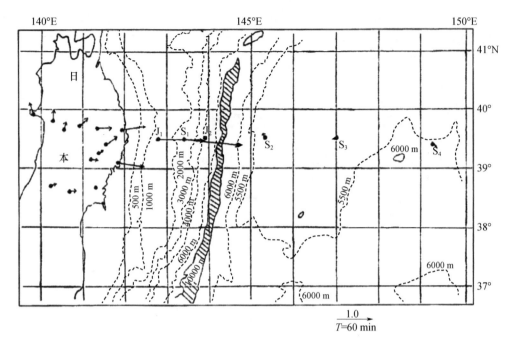

图 6.3　太平洋西北部横跨日本海沟剖面上的帕金森矢量(Yukutake et al.,1983)

(日本海沟:东北连接千岛海沟,南略偏东连接马里亚纳海沟,西南方向是菲律宾海沟;

J_2 和 S_3 由于没有得到记录,没有画出矢量)

6.1.4　美国西南部的复帕金森矢量分布

　　图 6.4 是 Schmucker(1970)画出的结果。实线为实帕金森矢量,虚线为虚矢量,分别由复转换函数的实部和虚部构成。可以看出,实矢量有明显的海岸效应,且越接近海洋,矢量长度越大。在图的北部有一小小的内陆异常,PAC、CAC、FAL 和 BRI 四个地点的实矢量指向一个电导率较高的区域。但虚矢量没有显示出明显的规律。

　　将 Schmucker(1964)画的图 3.15 和 1970 年画的图 6.4 做比较,以研究由 a、b 算出的帕金森矢量与用 A、B 算出的实、虚帕金森矢量有多大的差别。由对比可以看出,实帕金森矢量(同相矢量)与由 a、b 做出的帕金森矢量的分布大体相同,有些细微差别。如中部 CAB、PAR、COA 三个点中 PAR、COA 两个点实矢量的方向与由 a、b 做出的帕金森矢量就有些差别。总体来看,由 a、b 做出的帕金森矢量基本都指向海岸。而在图 6.4 的上中部,YOS、BRI、FAL、CAC、PAC 几个点实矢量的指向却是收敛的,尤其 BRI 和 FAL、PAC、CAC 矢量的方向大体相反。说明在该地区有一个小的电性结构异常。而 a、b 方法看不出来有这种特征。

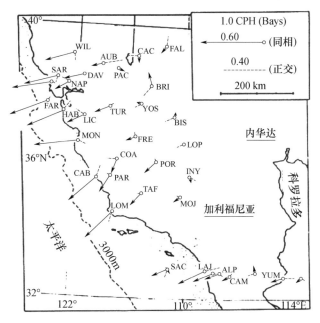

图 6.4　美国加利福尼亚中南部的实、虚帕金森矢量分布(Schmucker,1970)

6.2　国内的研究成果——中国大陆的帕金森矢量分布

这方面有范国华等(1992)在云南做的研究。

6.2.1　计算机上量图得到的优势面和帕金森矢量

以前的成果大都是用磁变仪资料,用量图方法求 a、b,用数字化仪采样的方法求 A、B,采样程序的特点和采样误差在 4.3.3 节有说明。

随着中国地震局"十五""十一五"地震前兆观测数字网络的建设,地磁观测台大都采用了自动化程度较高的数字记录仪器,如 GM4 磁通门磁力仪。布台密度有了明显提高,仪器带宽、数据采样率、数据人机交互处理方式的升级等因素对短周期地磁资料分析、信息挖掘提供了强有力的支持。为此,我们将之前已有程序进行改写,使之能充分适合当前的地磁观测资料。我们利用具有地磁 Z、H、D 三分量观测的台站数据,用 Matlab 语言编制了在计算机上量图的程序。从计算机上选择一些三个分量都可分辨出的扰动,量出事件的起止时间间隔和 3 个分量的变化幅度:Δt、ΔZ、ΔH、ΔD。图 6.5(可参考文后彩插)中的"+"代表量图的起点和终点,选取时要兼顾 3 个分量的变化情况。图 6.5a、6.5b 分别给出较快扰动和较慢扰动事件的量图方法。

量取通海地磁台 102 组(Δt_i、ΔH_i、ΔD_i、ΔZ_i)数据,量取的原则是量从极大(拐点)到极小(极大)那一段,且是量取三个分量中最小的那段间隔,见图 6.5 和表 5.5。利用稳健二元回归分析求出 a、b 值,再根据式(3.4)计算出 $\varphi = 89.9258°$,则与磁北的夹角为 $-90.0742°$(指向西)。由于采用了稳健估计,得到的结果与 5.6.2 节单纯的一元和二元结果有点不同。由式(3.4)算出的优势面(图 6.6b 的灰色圆盘面,彩图中的红色圆盘)与差矢量在球面上交点的分布有较好的对应性。由 a、b 值计算的角度 φ 和由差矢量分布估算(图 6.6b)的倾向相吻合。本书还求出了泰安、泉州、拉萨的优势面(图 6.7～6.9),以便与用复转换函数方法求出的帕金森矢量对比。

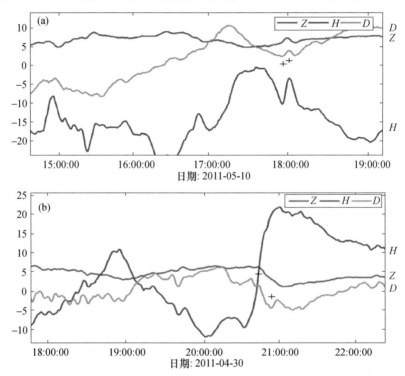

图 6.5 较快扰动(a)、较慢扰动(b)时段提取(两个"+"之间为选择时段)(龚绍京 等,2017)

用这种量图方法给出的优势面见图 6.6～6.9(参见文后彩插),左图的表示方法与图 3.7 是一致的,只是上下盘换了位置,右边的立体图中,上盘的实心圆点为红色,下盘的圆点为蓝色。图的左边是差矢量的极坐标表示法,也就是平面表示法;右边是球坐标表示法。实心圆点是由一系列 ΔZ、ΔH、ΔD 值用式(3.1)算出来的。而优势面(灰色圆盘)的倾角和方位角又是由 a、b 值用式(3.4)算出来的。优势面也是用这个算的结果画出来的。

指向地下的单位法线矢量的水平投影为帕金森矢量。图 6.6 中,右图中水平面上的黑色箭头代表帕金森矢量方向,但长度应该是右图中垂直于水平面的黑色垂线(彩图中绿色垂线)的长度。因为 $L = \sin I$,I 是优势面的倾角,即图中灰色圆盘与水平面(虚线画的大圆之一为水平面)之间的夹角。由于没有画出法线矢量,因而没有表达出帕金森矢量的定义。可以看出,通海的优势面倾斜度比较大,倾角达 $22.7°$。帕金森

矢量的长度 $L=0.395$,在内陆地区算是相当大的。帕金森矢量的磁方位角 $\varphi=89.9°$,由磁南右旋一个 φ 角,方向指向磁坐标系中的西方。如在地理坐标系中,则需要加上当地磁偏角的年平均绝对值。

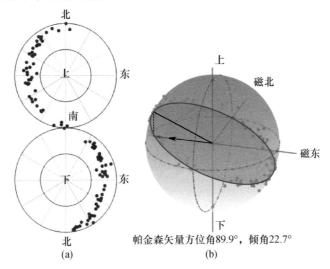

帕金森矢量方位角89.9°,倾角22.7°

(a)　　　　　　　　　　(b)

图 6.6　通海地磁台差矢量分布的极坐标表示法(a)和球坐标表示法(b)

(球体半径为 1;$\Delta t=11\sim40$ 分钟;图(b)中的虚线为两正交的大圆;黑色箭头表示帕金森矢量的方向;刘双庆绘,下同)

泰安台的差矢量的 $p(Q)$ 点分布在四个象限,说明这里的电性结构基本上是水平分层的。图 6.7 右图优势面(灰色圆盘)呈水平状也证实了这点。同时,图 6.7 右图下方列出的帕金森矢量的方位角没有多少意义:哪个方向的点多,算出的方位角就会指向哪个方向。倾角很小,仅 $0.84°$,表明接近水平分层。实际上任何计算结果都不可能倾角为零,只能是接近零。

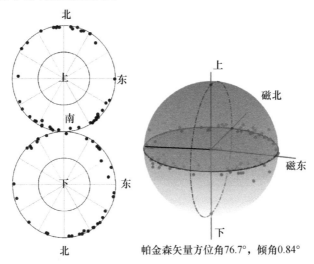

帕金森矢量方位角76.7°,倾角0.84°

图 6.7　泰安台的地磁变化优势面和帕金森矢量方向

泉州台帕金森矢量的方位角是 $\varphi=-44.01°$(图 6.8)。在北半球,帕金森矢量的方位角应该是从磁南右旋 φ 角,因是负值,所以泉州台的帕金森矢量指向东南。矢量的长度 $L=0.268$。帕金森矢量的方向和大小都明显表现出海岸效应。

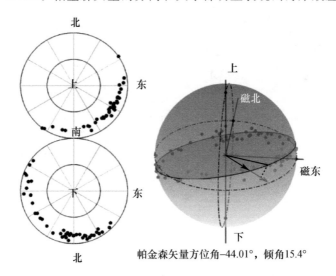

帕金森矢量方位角−44.01°,倾角15.4°

图 6.8　泉州台的优势面和帕金森矢量方向

拉萨台的帕金森矢量指向北北东,即指向青藏高原中部。矢量长度 $L=0.21$。

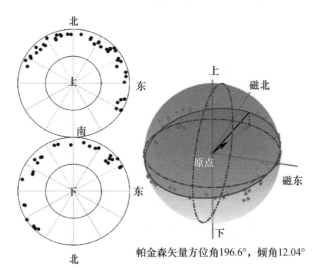

帕金森矢量方位角196.6°,倾角12.04°

图 6.9　拉萨台差矢量分布及优势和帕金森矢量方向

利用差矢量法给出的优势面及帕金森矢量没有严格的周期概念,相同的时间间隔 Δt 所含的周期成分可能差别较大,而且量图时所取的 Δt 范围也比较大,这从表5.5 第一行的数据就可以看出。因此量图得到的参数 a、b 及帕金森矢量一定程度上受人为因素影响：如事件的选取、Δt 的长度以及实际所含周期成分的差别等。这些影响最终导致图 6.6～6.9 中"点"的分散,影响计算结果的精确度和稳定性。为此采用严格的转换函数概念,利用 2011 年 4—6 月 36 个地磁台的数据,进行谱分析和复数最小二乘法计算地磁复转换函数,以求得不同周期的虚、实帕金森矢量(龚绍京等,2017),其中引入了稳健估计。

6.2.2　复转换函数得到的帕金森矢量

我们试图研究用复转换函数得到的帕金森矢量与地下电性结构的关系(Everett et al.,1967；Yukutake et al.,1983；龚绍京 等,2017),对比中国大陆莫霍(Moho)面、主要构造断裂等地质要素的分布,探讨它们之间的联系以及大震孕育构造背景特征。

图 6.10(可参考文后彩插)是计算复转换函数的事件选取示意图。3 个台站同时选取事件,选取时要兼顾 3 个分量的变化,还要兼顾起始和结尾时间的选取。尽量选取信号较强的时段,尽量包含较多的周期成分,起止位置尽量在较平缓的部位,还要避开日变化和各种干扰。

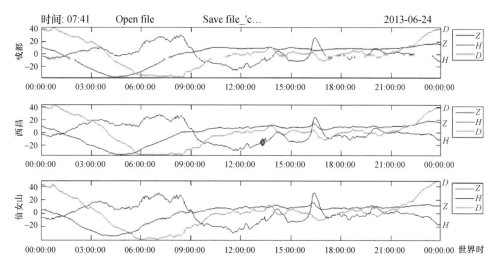

图 6.10　复转换函数数据提取示意("◆"为时间起点；采样间隔为 1 分钟,样本长度为 $N=2^8$)
(图上面一排的"Open file"和"Save file_'c"是操作符号,表示打开文件、显示曲线、存储数据；
"2013-06-24"代表日期,"时间：07:41"表示鼠标所在位置。余同)

选择中国大陆 36 个地磁台 2011 年 4—6 月的数字记录磁通门磁力仪分钟值资料,每 3 个台站同步挑选,得出各台的数据。除非缺数等特殊情况,一般 36 个台站都挑选相同的事件,而且事件数都相同,事件起始时间的误差不会大于 2 分钟。利用地磁复转换函数计算式(5.12)、(5.18)、(5.20)和稳健估计算出了这些台站的帕金森矢量及误差。分成 4 个周期段画出了实帕金森矢量在中国大陆的分布,见图 6.11a~d(可参考文后彩插)。基于前面许多例子中虚帕金森矢量的表现,我们没有画出虚帕金森矢量。图 6.11 中,实帕金森矢量用红色箭头表示。箭头顶部的黑色椭圆表示该矢量的估计误差。这个黑色椭圆既表示了矢量方向的误差,也表示了长度的误差,是根据 A_u、B_u 的误差利用式(3.11)算出实帕金森矢量长度 L 和方位角 φ 的误差。白色的三角形则代表台站的位置。图 6.11 的原始数据详见附录 1:四个周期段帕金森矢量方位角和长度及它们的误差。

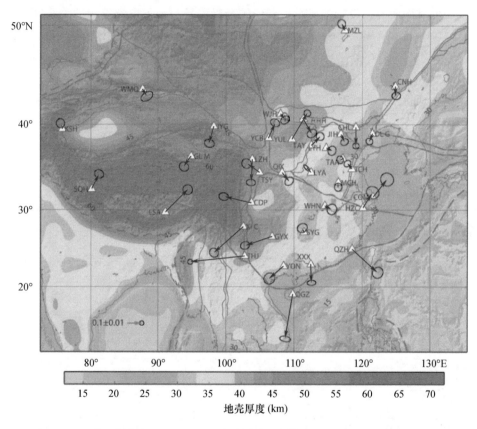

图 6.11a 第 1 周期段(64.0~85.3 分钟)实帕金森矢量的分布(刘双庆绘,下同)
(图中白色三角形代表台站,黑色箭头为帕金森矢量,箭头处的黑色椭圆表示计算误差;图中各台站的代号(扩号内是所属省份):长春—CNH(吉林);崇明—COM(上海);红山—LYH,昌黎—CHL(河北);大连—DLG(辽宁);九峰(武汉)—WHN,恩施—ESH(湖北);格尔木—GLM(青海);贵阳—GYX(贵州);杭州—HZC(浙江);满洲里—MZL,呼和浩特—HHH,乌家河—WJH(内蒙古);兰州—LZH,天水—TSY,嘉峪关—JYG(甘肃);静海—JIH,徐庄子—XZZ(天津);乌鲁木齐—WMQ,喀什—KSH(新疆);拉萨—LSA,狮泉河—SQH(西藏);洛阳—LYA(河南);泰安—TAA,郯城—TCH(山东);蒙城—MCH(安徽);南昌—NCH(江西);乾陵—QIX,榆林—YUL(陕西);琼中—QGZ(海南);泉州—QZH(福建);邵阳—SYG(湖南);太原—TAY(山西);通海—THJ(云南);成都—CDP,西昌—XIC(四川);银川—YCB(宁夏);邕宁—YON(广西);肇庆—ZHQ(广东,图中 XXX),余同)

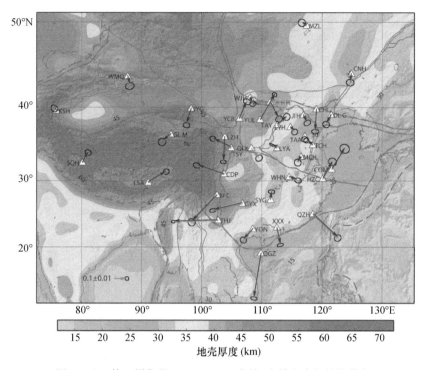

图 6.11b　第 2 周期段(32.0~51.2 分钟)实帕金森矢量的分布

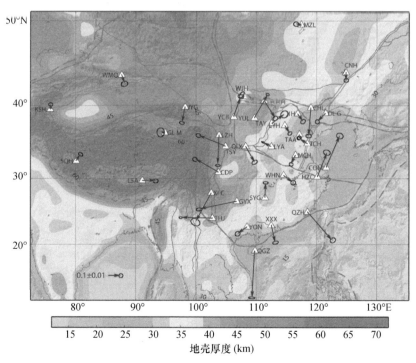

图 6.11c　第 3 周期段(17.0~28.4 分钟)实帕金森矢量的分布

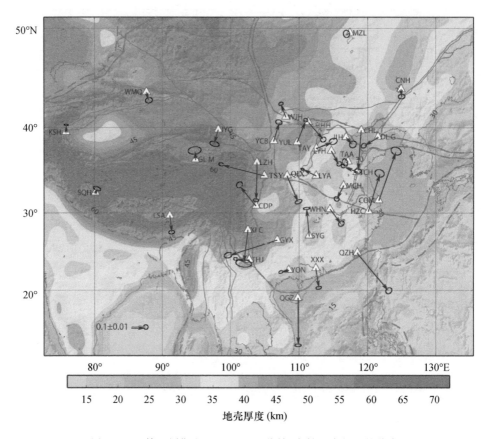

图6.11d　第4周期段(8.5～16.0分钟)实帕金森矢量的分布

6.2.3　中国大陆帕金森矢量分布与构造的关系

图6.11中深绿色粗虚线为一级块体边界,深绿实线为二级块体边界(邓起东等,2002;滕吉文 等,2002)。可以看出:①对东部台站和中西部少数台站,如贵阳(GYX)、天水(TSY),周期愈短,矢量愈长;而西部一些台站则是周期愈长,矢量愈长,如通海(THJ)、西昌(XIC)、拉萨(LSA)。成都(CDP)虽然在图6.11b～d中是周期愈长,矢量稍长,但在最长的周期段(图6.11a),它反而略变短了,且随着周期变短,箭头由指向西略偏北变成指向西北。②有明显的海岸效应,以崇明、杭州、泉州、肇庆(XXX)和琼中最明显。③青藏高原周边的台站矢量内聚,如拉萨(LSA)、成都(CDP)、嘉峪关(JYG)、天水(TSY)、格尔木(GLM)和狮泉河(SQH)台站的矢量都指向青藏高原中部,但格尔木和拉萨在最短的周期段方向反转。④渤海湾周边台站的矢量向渤海海域中部汇聚,如大连(DLG)、昌黎(CHL)、静海(JIH)以及以前做的宁河、塘沽等资料(田山 等,1991)都显示这一特点。⑤鄂尔多斯块体上的矢量向四周

发散。⑥广阔平原或高原地区,矢量长度较小,而且方向变动较大,如泰安(TAA)、静海(JIH)、红山(LYH)、邵阳(SYG)等台站。⑦拉萨台站的矢量方向随着周期减小有明显的变化,向右旋转了 100 多度。两个长周期段指向东北,即指向青藏高原;第三周期段(17.0~28.4 分钟)指向东,最小的周期段(8.5~16.0 分钟)指向南南东。它的周期响应曲线十分光滑,只有理论周期响应曲线才会如此光滑,实测响应曲线很少有这样的。它的周期响应曲线也证实了帕金森矢量的这种方向的变化,见图 6.12,我们可以从它的周期响应曲线分周期段去计算帕金森矢量的方向和大小。验证的结果说明拉萨台存在帕金森矢量方向的变化甚至反转。总的来说,拉萨台帕金

森矢量的方向随着周期的增长是逆时针地从南转向东北,其最短周期的指向可能与雅鲁藏布江大峡谷有关,造成这种现象的原因有待进一步探讨。⑧通海台(THJ)四个周期段的矢量都指向西边的横断山脉,但矢量长度随周期变化很大。与东部沿海是周期短矢量长度大不同,通海和西部某些台站周期长的矢量长度大。说明中国大陆西部地区深部电性的横向差异比浅层大;而东部则相反,浅部的矢量长度大——电性的横向差异浅部比深部大,这与海水的作用有关。

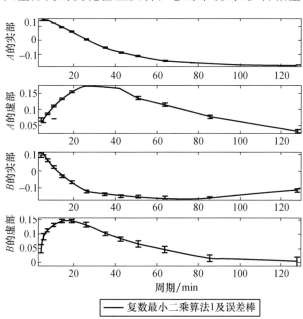

图 6.12 拉萨台 A、B 的周期响应曲线及误差

对比量图方法与谱分析方法的结果,可以看出结果是基本一致的。通海台量图方法的帕金森矢量指向西,其长度和方向都与第二周期段的结果很一致。泉州的量图结果指向东南,其大小与方向与第二、第三周期段一致。泰安台的量图结果说明该地区基本是水平分层且横向均匀,与谱分析结果也一致。至于拉萨台的量图结果,则与第一、第二周期段一致。

图 6.11 的原始数据见附录 1。四个周期段的帕金森矢量参数值与图 6.11a~d 正好对应(其彩色图见文后彩插)。画图 6.11 时,应该画出帕金森矢量的地理方位,即:地理方位角=D_s+磁方位角,D_s 为该台站本年度偏角绝对测量值的平均值。

第7章 复转换函数与地震前兆

7.1 卡莱尔地震

1979 年在英国卡莱尔（CAR）发生节礼日（12 月 26 日，英联邦的节日）五级地震。Beamish(1982)利用 ESK 和 YOU 台的三分量铷蒸汽磁力仪资料，做了水平场台际转换函数，见图 7.1。

ESK 距离主震震中约 35 千米，ESK 与 YOU 之间相距 210 千米。仪器从 1976 年开始工作，采样间隔为 2.5 秒，分辨率为 0.025 nT，测量的时间精度高于 100 毫秒。每 3～4 天换一次磁带，因此每 3～4 天要缺一段数据。

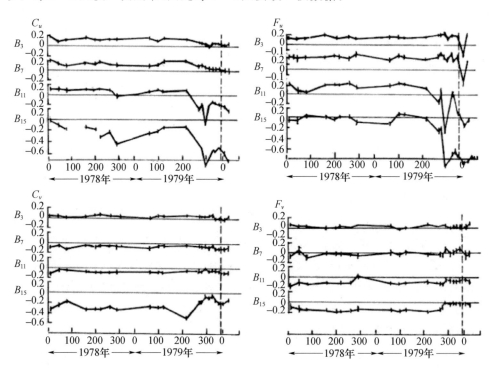

图 7.1　四个周期段的水平场台际转换函数 C_u、C_v、F_u、F_v 的时间变化

Beamish(1982)采用功率谱和互谱方法，并用 5 个 24 小时的结果求平均。他提出了下列原则：①对任何月份，两个测点 5×24 小时的同时段数据必须是可用的；

②每 24 小时记录必须是地方时的 00—24 时;③不用每个月中的 5 个国际磁静日和 5 个国际磁扰日数据;④分析资料时将所有全部资料和差值场都绘成图,将不正确的数据排除。选用四个周期段,它们的范围是:B_3(4000~2000 秒);B_7(1000~600 秒);B_{11}(250~150 秒);B_{15}(70~50 秒)。这里只列出 C 和 F 的结果,其他两个参量 E 和 G 的值很小。图 7.1 中的竖线为地震发生时间。可以看出 C_u、F_u 有明显异常,不同周期段的变化量不一样,显然 B_{15} 这个周期段最明显。C_u 最大变化量约达到 -0.6,F_u 为 -0.8。C_v 的 B_{15} 周期段有 0.2~0.3 的变化,F_v 的 B_{15} 周期段有一点点变化,约为 0.1。C_v、F_v 的其他周期段则无明显变化。

7.2　花莲地震

7.2.1　资料概况

1986 年 11 月 15 日台湾花莲东部海域发生 7.6 级(M_S)地震。震中位于菲律宾海板块与欧亚板块交接的贝尼奥夫带(Tsai,1986)。仑坪台在震中的西北方,距震中约 110 千米。泉州台的磁变仪从 1982 年开始工作,它与仑坪大体位于同一纬度,相距约 270 千米。震中和台站的位置见图 7.2。

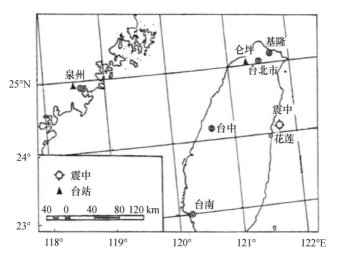

图 7.2　花莲地震震中和台站位置

按 Rikitake(1976)计算,对适当的周期和埋藏深度,有时感应异常场水平分量的量级在地表的某些位置可以超过垂直分量,地磁短周期变化的水平场可改变 20%~100%。卡莱尔地震的例子也证实了这点。由于陈伯舫博士已做了仑坪台的帕金森矢量系数 a、b(Chen,1981),因此我们试图分析垂直场转换函数和两个台站之间的水平场转换函数,又称它为台际转换函数(Gong et al.,1991)。仑坪台的磁变仪资料最初是陈伯舫博士购买的缩微胶卷放大的,通过采样获得离散数据。后来我在参加1990年上海国际地磁学术会议期间认识了台湾交通部电信训练所所长、台湾大学电机系兼任教授黄胤年先生,由他复印仑坪台24小时资料寄给我。

7.2.2 采样精度和时间服务精度问题及解决

在做本工作之前所获得的文献中,只有一篇关于台际转换函数的文章,见7.1节。该文利用三轴铷蒸汽磁力仪资料。我们没有找到任何文章描述用磁变仪资料估算台际转换函数的方法。按照式(5.5),异常场值是由异常区台站和参考台的差值决定的。因此,采样误差和计时误差都会影响异常场值,因而带来虚假的频率成分。关于卡莱尔地震的文章中有一句很重要的话,即"所有全部资料和差值场都绘成图,将不正确的数据排除",可见慎重挑选原始资料的重要性。

采样误差给异常场值带来的影响见图7.3a。图下面的实线和虚线是同一条曲线两次采样的结果,可以看出这条曲线变化幅度达70 nT以上。两次采样的曲线基本吻合,但有个别地方差别较明显,如第4个半小时处。最上面的曲线是两次采样的差值,记为 Δ,差值的标准差 SS=1.55 nT。可以看出,当两次采样曲线比较吻合时,差值曲线是频率比较高的、比较随机的波动,因此,由于采样造成的影响一般来说是比较随机的干扰。计时误差也会造成随机或明显的影响吗? 这些都需要我们在处理数据时加以考虑并将它的影响去除。

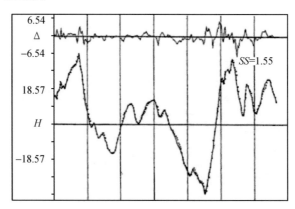

图 7.3a 同一条曲线两次采样结果(图中的时号线间隔宽为 0.5 小时,下同。
左边的标尺表示零均值化后的数据变化幅度,单位为 nT)

图 7.3b 是另一个采样误差的例子,在变化大且陡的部位,稍有不准则对差值造成的影响很明显。

由于磁变仪时间服务不够精确,它的计时误差造成的影响见图 7.3c。图 7.3c

是两个台站对同一事件采样的结果,可以看出虚线和实线有许多地方没有吻合。是瞄图时没瞄准造成的吗? 我们觉得更可能的原因是两个台站计时误差造成的。从图中最上面的那条曲线看,形成的差值曲线有一个明显的"虚假扰动",虽然也有周期较短的随机波动。从图左边的标尺可以看出,计时误差造成的差值曲线波动较大,差值的标准差 $SS = 6.15$ nT。

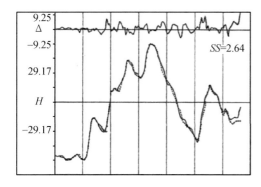 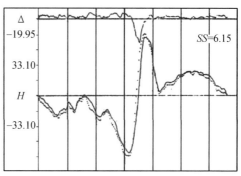

图 7.3b 同一条曲线两次采样结果   图 7.3c 两个台站同一事件采样的结果

采样(A/D 转换,模数转换)误差和选用标度值的误差是测量误差,可达到 0.3~1.5 nT。磁变仪时间服务的精度差,计时误差达 1.0~1.5 分钟。由于采样和计时所造成的时间服务误差见图 7.4,多数在 0.75~1.5 分钟,但最多可达 4.5 分钟。这里采样间隔是 0.75 分钟,当横坐标 $\Delta n = 6$ 时,时间服务误差为 4.5 分钟。这些误差将给获得的异常场资料带来虚假的频率成分,从而影响估计值的精度和可靠性。因此,利用磁变仪资料估计台际转换函数遇到了许多困难。此外,源场不都是均匀的,这种源场效应也会使某些资料变坏。

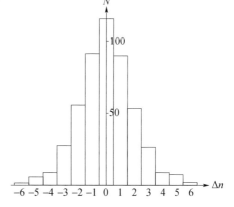

图 7.4 特征点计时误差的分布直方图
(图中横坐标标出的数字代表 Δn。当 $\Delta n = 0$ 时,表示 2 次采样重合;当 $\Delta n = 3$ 时,表示 2 次采样相差 3 个采样间隔 Δt,$\Delta t = 0.75$ 分钟。纵坐标代表与 Δn 对应的出现频数 N,纵坐标上的 2 个刻度分别为 50 和 100)

为解决时间服务不准和采样误差对计算结果的影响,我们从两方面着手:①着重提高采样的精度:编制了一套程序,当发现手抖动或没有瞄好有偏离时,可以回到任意位置重采;由于滚筒走得并不均匀,编制的程序可对时号线三次采样,取平均值确定每条时号线的位置,以确定每个小时的宽度,从而算出该小时的采样间隔(采样时间间隔都是 0.75 分钟,但磁照图上的采样间隔是算出来的),以提高计时精度;②研究了资料处理方法,尝试了去掉残差最大的数据(F 选择)、去掉振幅小于噪声水平的谱成分(P 选择,参考了 Sompi 谱的做法)等办法,并应用了稳健(Robust)估计方法,以便自动识别并降低残差大的坏数据的权重,经迭代使估计值趋于稳定。试验证明 P 选择对结果的影响较小,这是因为复转换函数的计算公式中,各事件所占的权重并不一样,信号强的所占权重大,信号小的权重小。因此,小于噪声水平的谱成分所占的权重很小,对结果的影响也较小。但个别残差大的事件对结果的影响却很大。

图 7.5 是三种估计方法的比较。其中关于稳健估计的原理前面已经叙述,这里不再详述。可以看出,稳健估计的效果最好,初估计和简单去除残差最大事件的办法都有较大偏离。而且稳健估计的效果对台际转换函数更为明显。这里的初估计是指未做任何处理的估计。

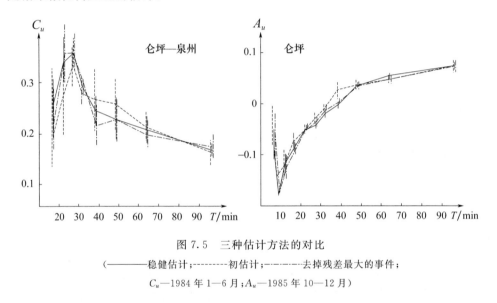

图 7.5　三种估计方法的对比

(————稳健估计;--------初估计;—·—·—去掉残差最大的事件;

C_u—1984 年 1—6 月;A_u—1985 年 10—12 月)

7.2.3　单台垂直场转换函数

仑坪和泉州的单台垂直场转换函数 A_u、A_v、B_u、B_v,两台共 8 条时间变化曲线,这里仅画出部分参量的时间变化。从图 7.6 可看出:仑坪的 A_u 值从 1984 年起略有增大,1986 年地震之前又减小。对 27.4 分钟周期可察觉到这一变化特点,32.0 分钟和 19.9 分钟的变化稍小些。其他的时间变化曲线都没有可察觉的变化,并且较为平坦,没有明显的趋势。

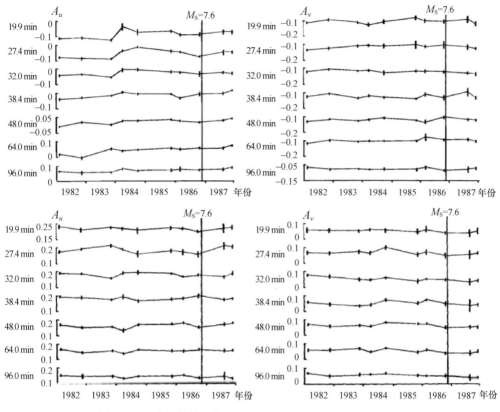

图 7.6　垂直场转换函数的时间变化(上图:仓坪;下图:泉州)

7.2.4　水平场台际转换函数

按照 Schmucker(1970)正常场、异常场的概念,参考台站应选在离孕震区较远但又不是太远,电性结构是水平分层且横向比较均匀的地区。但台湾附近显然没有符合后一条件的参考台站,泉州台显然不符合水平分层且横向比较均匀的要求,但我们可以考察它是否符合离孕震区一定距离的要求。为了考察泉州台可否作为参考台,我们用初估计计算了1982年1—3月和1985年10—12月仓坪和泉州的单台垂直场转换函数,结果见图7.7。可以看出,仓坪台的两条垂直场转换函数响应曲线有明显差别,但泉州台的两条曲线基本吻合。表明在花莲地震的孕育期间泉州台的垂直场转换函数保持和以前一样,因此认为勉强可以选它为参考台。图中误差棒的长度是两倍标准差(±1sd)。

水平场台际转换函数的 8 个参数中,C_u、F_v、C_v 的效果较好,见图7.8。以 25.0 分钟周期的异常最明显,32.0 分钟周期次之。由于磁变仪时间服务精度差,我们做不出较小周期的水平场转换函数。

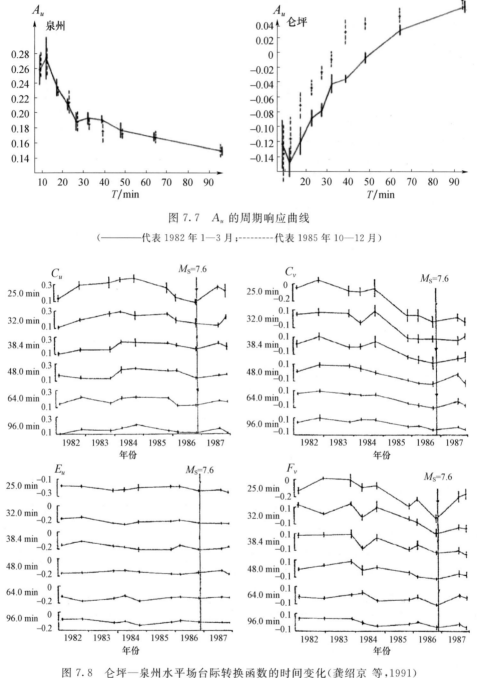

图 7.7　A_u 的周期响应曲线

（————代表 1982 年 1—3 月；--------代表 1985 年 10—12 月）

图 7.8　仑坪—泉州水平场台际转换函数的时间变化（龚绍京 等，1991）

从图 7.6、7.8 和 7.9 可以看出，仑坪和泉州的水平场转换函数的变化比垂直场转换函数的变化明显，变化幅度的量级要大得多，约达到了 0.5。世界上还没有用磁变仪资料做水平场转换函数的例子,我们的尝试有意义且取得了好的成果。

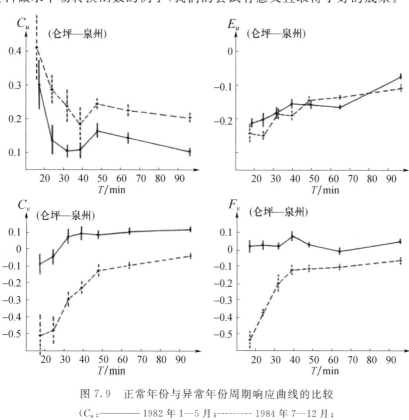

图 7.9　正常年份与异常年份周期响应曲线的比较

(C_u：————1982 年 1—5 月;-------- 1984 年 7—12 月;

C_v、E_u、F_v：————1982 年 10—12 月;-------- 1986 年 9—12 月)

从图 7.9 可以看出,对 C_u、C_v、F_v,正常年份与异常年份周期响应曲线变动很大,从另一个角度证实了花莲地震前水平场转换函数异常的存在。

7.3　宁河台观测到的两个例子

1992 年 7 月宁河附近发生 4.7 级(M_L)地震,1993 年 8 月又发生 3.1 级(M_L)地震,震中距离宁河台分别为 15 千米和 12 千米。这之前我们为配合南极考察,在宁河台架设了一台数字记录地磁脉动观测系统。该系统由下列仪器组成:GM-1 型三分向磁通门磁力仪、DCM-2 型数字地磁脉动记录仪(编码数字钟,数据采集和数据记录回放器)、3056 型垂直台式划线记录仪 (4 道)、石英钟、供电系统(包括稳压电源和 UPS 不间断电源)。该观测系统可以将 3 个分量的变化磁场信号连同串行时间编码以二进制形式记录在盒式数字磁带上,又同时以可见形式记录在模拟记录纸上。数字信号有 3 个采样档次:20 次/秒、1 次/秒、1 次/20 秒,数据以数据块的形式记录。

回放时,被分割的数据块可严格地衔接起来,并可实现不丢头的自动延时触发记录。我们一般采用第三档 1 次/20 秒,一盒数字磁带可用 14 天。在天津地震局机关的室内配有一台 DCS-1 型微机控制数据回放仪,我们在计算机上回放并完成数据处理工作。对宁河台的地磁噪声背景进行了测试,一般不大于 0.05 nT。

为了完成盒式磁带数据的回放利用,我用 Fortran 语言编了下面的程序(龚绍京等,1998):

N1.EXE:回放程序。具有检验数据、自动检查校正错误和读入数据的功能,将二进制码转变为 ASCII 码形成数据文件存入磁盘,并自动识别块道、块首。

N2.EXE:完成资料的屏幕显示和事件挑选。读入存盘数据,以可变动的纵坐标标尺将 3 道地磁信号在屏幕上显示出来。每一页显示 2 个数据块的图形。可以翻页直至该存盘数据文件显示完毕。设计一可移动标尺以指定"事件"的开始时间。

"事件"的挑选遵从下述原则:①各种地磁扰动都可以选用,除地磁脉动外,磁暴急始、类急始、湾扰、类湾扰以及各种连续的扰动和磁暴中符合要求的时段;②所含周期成分为几十秒至约 1 小时,而且所含的成分较为丰富;③尽量识别和避开各种干扰;④一般在"事件"的两端不要有激烈的变化,应较平缓。

N3.EXE 预处理程序:生成计算转换函数的数据文件。一般先要编辑一个DAT.DAT 文件,指定所要利用的存盘数据文件名,所选"事件"起始位置的块数和在该数据块中的序数。并给定各种计算参数,如滤波参数、事件数、样本长度等。

N4.EXE 计算垂直场复转换函数程序:本程序的计算内容包括去倾、滑动平均、滤波、快速傅里叶变换、利用复数最小二乘法和稳健估计方法,计算 A_u、A_v、B_u、B_v 值及它们的误差。

宁河台周围的干扰较多,如附近建有小型铁厂、学校,有些资料不能用。同时经常停电,虽然可以发电,但也会造成数据监测中断。委托台站管理难免有不周到的地方,资料不是很连续。尽管如此,该套仪器所具有的高灵敏度、高分辨率、宽频带、大动态范围、时间服务精度高和多个采样档次的优点,使得我们能求出较短周期(2~3 分)的转换函数值,且可以 2~3 天就算出一组转换函数。这对于监测台站附近比较小的地震提供了有利条件,这也是我们企图利用该仪器资料研究宁河附近地震是否有前兆的原因。

从图 7.10、7.11 看出,在宁河 4.7 级和 3.1 级(M_L)地震之前有明显的异常。判断是否"异常"需要具备两个条件:①取值持续一段时间偏离正常值超过 3 倍标准差,个别一两个点超过 3 倍标准差不被视为异常,必须有连续多个异常点;②数个相邻的周期同时出现异常。相邻的周期有的有异常,有的无异常,呈间隔跳跃形状,不被视为异常。因为电导率的变化发生在一定深度范围内,应该有一些相邻的周期同时出现异常。这两个条件可以概括为异常成立的"三倍标准差"原则和"成片"原则。图中,误差棒的长度是 2 倍标准差,即±1sd。从图来看,异常已经符合这两个原则。

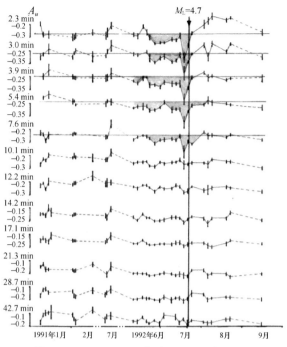

图 7.10　1991—1992 年宁河 A_u 的时间变化

（缺数据的时段用虚线连接，下同）

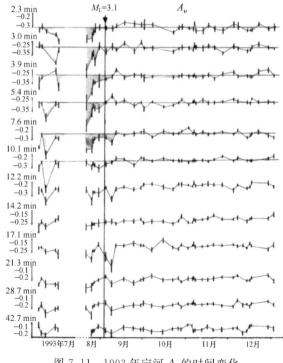

图 7.11　1993 年宁河 A_u 的时间变化

宁河 4.7 级和 3.1 级（M_L）地震距宁河地磁台仅 15 千米和 12 千米。这是我们能检测到异常的根本原因。地震小，孕震区的范围也相应很小。我们不赞成盲目的、隔很远也可以对应的办法。同时也因为震级小，出现异常的周期也比较小，只是 2.3~7.6 分钟的周期段出现了异常。从图看其他周期段都没有异常。

本例说明，利用磁通门磁力仪可以提高监测能力，有利于得到较小地震的前兆。

7.4　唐山地震

7.4.1　概况和资料处理

唐山地震是研究最多的一个震例，可以说所有的方法和参数都用到了。这些方法包括在磁照图（或它的复印件）上量图，计算 $\Delta Z/\Delta H$ 均值和帕金森矢量系数 a、b，以及帕金森矢量的方位角 φ 和长度 L。在磁照图上采样，用谱分析方法计算垂直场转换函数 A_u、A_v、B_u、B_v，以及水平场转换函数 C_u、C_v、G_u、G_v、E_u、E_v、F_u、F_v。

前面已经描述过昌黎、青光、白家疃台 $\Delta Z/\Delta H$ 均值（龚绍京 等，1984）和帕金森矢量系数 a、b 的情况，发现昌黎台的 $\Delta Z/\Delta H$ 均值和 a 存在大约 5 年左右的中长期前兆（Gong，1985）。并发现昌黎台的优势面倾角减小了 2.7°（龚绍京 等，1986）。当时只处理了 1971 年下半年至 1979 年的资料（1971 年昌黎的资料是从北京大学得到的，河北省地震局只有 1972 年开始的资料）。

在发现台湾花莲 7.6 级地震的水平场转换函数有明显的异常后（Gong et al.，1991），我们便考虑唐山地震是否会有水平场转换函数的异常？花莲地震处于菲律宾海板块与欧亚板块交接的贝尼奥夫带，该带在 121°E 处以 55°~60° 的角度朝东倾斜，在 21.5°N 处至少达到 180 千米的深度，在 23°N 大约深达到 100 千米（Tsai，1986）。花莲地震的震中位置是（24.1°N，121.7°E），显然这个地震的孕育与板块的相对运动有关，伴随地震孕育引起的地下电性结构变化的深度也是比较深的。唐山地震发生在大陆，孕震深度可能没有那么深。由于磁变仪的时间服务精度较差，我们只能做出 25 分钟以上的水平场复转换函数值，而对应较浅的孕震区，需要较短周期的转换函数值。因此唐山地震能否做出较好的水平场转换函数结果，开始时是没有把握的。抱着试试看的态度，我们处理了 1972—1984 年昌黎和白家疃台的资料，用采样的方法取得离散数据，每年求 1~2 组垂直场转换函数和水平场转换函数，发现昌黎台的 A_u、A_v 有不大的异常，而昌黎与白家疃台的水平场转换函数 C_u、C_v、F_v 有比较大的异常（龚绍京 等，1997）。

为了验证复转换函数的异常与唐山地震的确切对应关系，即出现的异常与唐山地震的发生是否有确切的一一对应关系，1998 年我退休后的返聘期间，又处理了

1972 年 7 月至 1997 年共 25.5 年昌黎和白家疃台的资料。以前做的工作是一年只求出 1～2 组转换函数值,1972—1984 的 13 年间,共取了 19 组数据,因此无法发现短期前兆。这次我们加密了事件的选取。采取的办法是 1975—1976 年每个月求 1 组转换函数值;对 1976 年 2—3 月,则半个月求 1 组转换函数值。为与 1975—1976 年的资料对比,挑选事件较多且处于正常年份的 1989 年,也 1 个月求 1 组转换函数。每求 1 组转换函数,须选取 12～20 个事件,一般取 13～16 个事件。每个事件有 2 个台站的 3 个分量共 6 条曲线。用数字化仪人工采样,采样间隔为 0.75 分钟。由于工作量太大,1972—1974 年和 1977—1984 年是用以前的资料(龚绍京 等,1997)。为做 1972—1997 年的转换函数,共新完成约 2900 个事件的 17400 条曲线的采样任务(不包括为求噪声水平的 37 组数据和利用以前的数据)。选含几分钟至一个多小时周期的事件,事件的选取原则前面已经叙述。由于采样的原因,取得的数据是从时号线开始的,但我们选择事件的起始位置不在时号线,计算时需要给定事件的起始位置的序号。由于采样间隔是 0.75 分钟,样本长度为 256,需要的记录长度为 3.2 小时。但由于要求的起始位置不在时号线,而是从第某位数开始,所以事件长一般为 3.5～4 个多小时。由于资料太多,用了 4 人采样。尽管事先进行了练习,而且各人采样的时段尽量零星分散,但每人采样的习惯还是不完全相同。在磁照图上,有时光点太粗,有时光点太淡,当光点移动太快时,光点会中断;有时有些小的干扰(如地铁干扰),有时光点有尾巴,这些都使采样误差加大。因此处理的 1972—1997 年的资料误差要大一些。

从图 7.3a、7.3b 看出,采样值对真值的偏离并不是白噪声序列,而是隐含了一定的周期成分。因此即使是直线采样,经数字化后再做谱分析,各周期还是有很小的振幅。采样带来的谱成分对计算转换函数来说是一种干扰或噪声。为了检验这一噪声水平,我们对一些曲线两次采样,对它们的差值按估算转换函数同样的方法去倾、滤波、进行谱分析,用 37 组这样的差值求出各周期谱成分的平均噪声振幅及它们的标准差。见图 7.12。

编制计算转换函数的 Fortran 语言程序时,参考图 7.12 对每个周期去掉了水平分量振幅小于 2 倍平均噪声水平的事件。这样做是受 Sompi 谱的

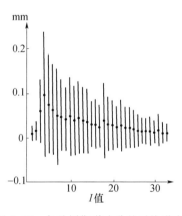

图 7.12　各种周期谱成分的平均噪声水平以及标准差

(图中纵坐标单位是毫米,横坐标 I 是进行 FFT 时各谱成分对应的频点数。周期 $T=\Delta t \times 2^g/(I-1)$,$\Delta t$ 是采样间隔,这里是 0.75 分钟。2^g 是样本长度,$g=8$,样本长度是 $N=256$。图中的实心圆点代表平均噪声振幅,竖直线是误差棒。横坐标表示周期,当 $I=10$ 时,$T=21.3$ 分钟;$I=20$ 时,$T=10.1$ 分钟;$I=30$ 时,$T=6.6$ 分钟)

启发,在 Sompi 谱分析中,当振幅低于 Sompi 方法算出的噪声水平时,就认为这一"波素"不存在。当经挑选后剩下的事件数小于 10 时,这组估计值就不采用,仅供参考。这就是我们所谓的 P 选择。

编制的 Fortran 语言程序包含:频段划分、P 选择、去倾、滑动平均、高通滤波、FFT、挑选频段内振幅最大的波素、复数最小二乘法、Robust(稳健)估计(龚绍京 等,1997,2001a)。

由于获得的数据的两端都不是零,如果不先做处理,两端不为零将带来高频混淆。有两种解决办法:加窗和去倾。窗的应用会导致畸变的波谱,而且不可能恢复到真实的波谱(Bater,1978)。我们采用去倾的办法。去倾的缺点是没有零均值化,因而使谱分析的直流项比较大。克服的办法是:①选择事件时,尽量不要使变化都集中在起、终点连线的一侧,而且尽量将大的扰动放在事件的中间位置,两端尽量有一段较低平的变化,当然,这个条件不一定都能满足;②FFT 的第一项是直流项,为避免非零直流项对其他项的影响,只好舍弃紧邻第一项的谱成分。

资料处理过程中,在计算水平场转换函数时出现过一次迭代不能终止的情况。逐个检查每一事件,发现有一事件白家疃和昌黎的采样序列错位一个小时。以前在做数值试验时,当数据是由两群差别较大的群落组成时,赋予不同的初值,迭代的最终结果或是偏向这一群,或是偏向那一群而压低了这一群的权重。这种情况已背离了稳健估计方法只适用于少数极端点的假设。遇到这种情况时,只能重新分组。

7.4.2　单台垂直场转换函数

(1)1972—1984 年结果(龚绍京 等,1997)

1972—1984 年的 19 组资料算出的垂直场转换函数见图 7.13。从图上看,昌黎台的 A_u 和 A_v 有异常,且 A_u 的异常比 A_v 大。以 16.9 和 22.7 两个周期的异常较明显。对应这两个周期,A_u 的异常幅度分别为 0.14、0.11,A_v 只有 0.08、0.075。异常的形态及异常持续时间也与 $\Delta Z/\Delta H$ 均值及帕金森矢量系数 a 相似,持续约 5 年(1974—1978 年)。只是异常的幅度 A_u 比 a 大,昌黎台 a 值的变化幅度只有 0.06。造成这种差别的原因可能是量图方法求出的 a 没有区别各种周期成分,而复转换函数的周期划分得较细,这里只选变化大的周期的结果与 a 比较。昌黎的 B_u 和白家疃台的 A_u 没有异常。

在非异常的年份,即 1971—1972 年,昌黎台的 a 均值是 0.28(主要成分是 8~20 分钟),A_u 是 0.2、0.2(周期 16.9 分钟和 22.7 分钟),A_v 是 0.18、0.16,$|A|$ 是 0.27、0.26。昌黎台的 b 约为 0.03,B_u 为 0.0~0.1,大致在同一量级。白家疃台的 a 均值为 0.058(8~20 分钟),A_u(16.9 分钟和 22.7 分钟)约为 0.05,也在一个量级。

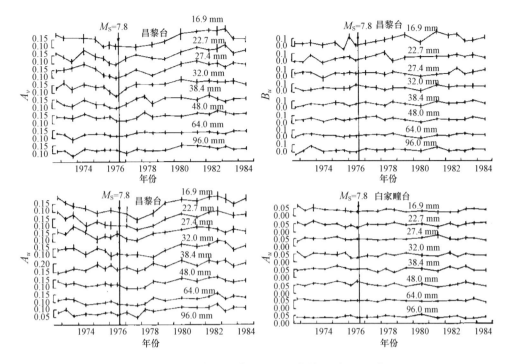

图 7.13　1972—1984 年的垂直场转换函数结果(龚绍京 等,1997)

(2)1972—1997 年结果(龚绍京 等,2001a)

由于这次是 4 个人采样,所以我们对估计误差做了较详细的评估,特别是资料处理过程中产生的误差。造成转换函数估计误差的原因主要有磁变仪标度值误差、计时误差、源场效应、游散电流等的干扰和采样误差。采用标度值的误差只造成系统误差,而不是造成原始数据的离散,较之后面两个因素,它对估计值的离散影响较小。计时误差对水平场台际转换函数估计值的影响较大,但对单台垂直场转换函数的估算没多大影响。在实际情形中,施感场并不能完全满足源场准均匀的假设,因此造成源场效应,从而使原始数据离散。对青光台短周期事件的时间序列分析表明:源场效应等的影响不完全是随机的,带有一定的"惯性",不过,自相关滑动平均(ARMA)模型的阶数一般不高(龚绍京,1983)。不同人的采样误差一方面造成数据随机性离散,同时也由于不同人的采样习惯不同,会给估计值带来不算大却不同人有不同的系统偏差。由于不同人负责不同的时段,尽管分任务时有意打乱分配,还是会造成转换函数估计值的涨落。进行参数估计时,样本数大则估计值会更准。但为了求得足够密的转换函数资料点,以便能检测到短期前兆,以及受磁变仪所能选取的事件数限制,经过数值试验,每求一组转换函数的事件数一般只能取 12～18。事件数不够多也是造成估计值涨落的原因。

① 采用标度值的误差。白家疃台用他们选取的采用标度值,其误差在 1% 以内。

昌黎台 1972—1979 年的采用标度值是我们在坐标纸上点出实测标度值后选取的。1972—1973 年北京大学地球物理教研室老师值班期间,实测标度值比较稳定,测点也较密,采用标度值的误差在 1% 左右。1973 年底至 1974 年上半年,经过 3 次调仪器,Z、H 的采用标度值的误差达到 2%,个别时段(如 1974 年 1 月)达到 3%,但 D 分量的采用标度值误差仍只有 1%。1974 年下半年至 1979 年,采用标度值的误差在 1%~2% 范围。20 世纪 80 年代以后,各台站地磁工作逐渐走上正轨,昌黎台采用标度值的误差约为 1%。

② 数字化误差。用同一条曲线不同人采样的办法考察采样误差的大小。选用 Δt 和 SS 表达采样在数字化仪的 X 轴(横轴,代表时间)和 Y 轴(纵轴,代表幅度)上造成的误差。Δt 为同一特征点不同人两次采样的时间差,它可造成虚假的相移。SS 为同一条曲线不同人两次采样差值的均方差,表征在数字化仪 Y 轴上的 一种平均误差,表示幅度的误差。

实际资料处理中个别事件的 SS 比较大,记为 SS_{max},多因采样时纸粘得不够牢或不平整,有微小移动所致。表 7.1 的 Δn 数据表明,时间误差在 1.5 分钟范围内的比率为 81%。个别特别大的 Δn 是不应该出现的,如 ±6,±9。这种情况以及 D 分量的 Δn 较分散,可能与 D 的极值一般不是很尖锐有关。所以 Δt 既反映了采样的时间误差,也反映选择极值点的误差。总的来说,四个人的采样误差(龚绍京 等,2001a)比 1972—1984 年成果(龚绍京 等,1997)一个人的采样误差要大。

表 7.1 数字化误差

Δn	0	±1	±2	±3	±4	±5	±6	±9	Σ	P_{SS}	SS_{max}	SS_{min}
H	60	75	36	17	5	1	0	0	194	0.92	2.09	0.26
D	42	59	45	22	11	11	2	2	194	0.33	0.82	0.16
Z	14	48	28	17	3	2	0	0	112	0.30	0.70	0.07
Σ	116	182	109	56	19	14	2	2	500			

注:n 为采样后经内插形成的等间隔数字序列的序数,Δn 为两次采样相差的点数,采样间隔为 0.75 分钟 (min),$\Delta t = 0.75\Delta n$ 表示两次采样造成的时间误差。SS 的单位为毫米(mm),P_{SS} 为 SS 的均值。

为考察采样误差对估计值的影响,随意挑出两组资料重新采样。昌黎的单台转换函数只重采了垂直分量 Z。因为对单台转换函数而言 Z 比较小,因而采样的相对误差较大,对估计值的影响也较大。对水平场转换函数 H 和 D 都重采样。用两组数据统计出两次估计值的差值大于 1 倍误差(1sd)和 2 倍误差(2sd)的比率。对单台转换函数,大于 1sd 的比率是 36%。大于 2sd 的比率是 18%。对于水平场转换函数,大于 1sd 的比率是 50%,大于 2sd 或大于 0.1 的比率为 26%。判断是否大于 1sd 和 2sd,是用两组中较大的误差来衡量的。由此可见,采样误差可造成转换函数估计值较大的涨落。

③ 不同人采样造成的涨落。表 7.2 列出了用 1985—1997 年 60 组数据求出的各周期转换函数估计值的平均值及估计误差的平均值。σ 表征每种转换函数估计值的涨落程度，是用 60 个估计值求平均值然后求出平均值的标准差，反映了求出的估计值的离散和涨落程度。P_δ 则是稳健估计值的估计误差 δ 的平均值，反映原始数据的离散程度。可以看出：水平场转换函数估计值的误差较垂直场转换函数大；还可以看出：P_δ 的大小一般是 σ 值的 $40\% \sim 60\%$。σ 和 P_δ 不是同样大小和量级，这说明什么？为什么平均值的标准差 σ 会超过稳健估计值的平均误差 P_δ？作者认为这再次表明，除了原始数据的离散及源场效应，不同人的不同采样系统误差也是造成转换函数估计值涨落的原因。

表 7.2　各种转换函数值的周期响应及估计误差

T/min	64.0	48.0	32.0	27.4	22.7	17.0	12.0
A_u（昌）	0.148	0.163	0.176	0.178	0.186	0.165	0.139
σ	0.020	0.022	0.027	0.031	0.030	0.039	0.053
P_δ	0.008	0.010	0.014	0.015	0.016	0.018	0.027
A_u（白）	0.058	0.067	0.062	0.057	0.056	0.046	0.029
σ	0.017	0.015	0.018	0.020	0.016	0.015	0.017
P_δ	0.008	0.008	0.010	0.011	0.010	0.010	0.009
C_u	−0.070	−0.094	−0.134	−0.144	−0.180	−0.246	−0.379
σ	0.050	0.048	0.072	0.069	0.084	0.093	0.122
P_δ	0.015	0.022	0.037	0.038	0.046	0.054	0.069
C_v	−0.096	−0.123	−0.156	−0.157	−0.192	−0.233	−0.153
σ	0.059	0.074	0.094	0.110	0.135	0.137	0.172
P_δ	0.020	0.027	0.044	0.048	0.053	0.062	0.077
F_u	−0.106	−0.134	−0.207	−0.224	−0.284	−0.404	−0.552
σ	0.042	0.048	0.118	0.138	0.136	0.174	0.173
P_δ	0.012	0.016	0.019	0.017	0.025	0.027	0.032
F_v	−0.155	−0.168	−0.243	−0.284	−0.313	−0.337	−0.373
σ	0.051	0.076	0.125	0.113	0.129	0.158	0.215
P_δ	0.028	0.034	0.050	0.052	0.064	0.068	0.089
E_u	−0.060	−0.044	−0.036	−0.042	−0.034	−0.022	−0.003
σ	0.025	0.042	0.056	0.058	0.053	0.059	0.075
P_δ	0.017	0.024	0.033	0.033	0.035	0.036	0.045

由表7.2可看出,各种转换函数有明显的周期响应。由于1985—1997年唐山地区未发生较大的地震,表7.2的均值可作为正常情形下的平均水平,并作为以后判断异常的判据。

④ 单台垂直场转换函数。图7.14是白家疃和昌黎台的单台垂直场转换函数。图中横坐标的时间不是等间隔的,资料密集的1975—1976年拉得较宽。图中的横线一律都是零线。缺数据或估计值仅供参考时用虚线连接。可以看出,由于误差较大,所以纵坐标取的标尺较大,白家疃台的标尺是0~0.1;昌黎台是0~0.2。而图7.13中,白家疃和昌黎台的标尺都是0.10~0.15或0~0.05。两张图中昌黎台标尺的尺度相差4倍。正是估计值的涨落较大,所以尽管1972—1974年、1977—1984年采用原来的数据,图7.14还是看不出有明显中期的异常。这再次说明,要检测出不很大的地震异常,想办法降低干扰,提高信噪比,是何等重要的事情!

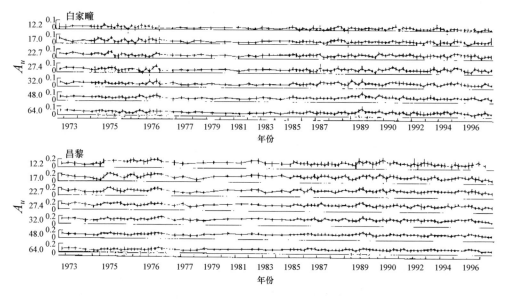

图7.14　垂直场转换函数 A_u 随时间的变化(龚绍京 等,2001a)

白家疃台没有反映出明显异常,绝大部分数据在0.01~0.08之间涨落。说明白家疃台附近地下没有明显的横向不均匀的电性结构,选其作为估计水平场转换函数的参考台是适合的。

昌黎台的 A_u 时间变化曲线似乎也看不出明显的异常。图7.13的最大取值和最小取值(龚绍京 等,1997)仍标在图7.14上,然而从整个时间变化曲线看,1974—1976年能看出有些起伏,但它们仍在这次算出的 3σ 的范围内,故在这里看不出昌黎的 A_u 有明显大于 $\pm 3\sigma$ 的前兆。显然,这次的结果误差较大,估计值的涨落掩盖了本来不大的中期前兆。

7.4.3　水平场台际转换函数

(1)1972—1984 年结果(龚绍京 等,1997)

1972—1984 年水平场转换函数的结果见图 7.15,G_v、E_v 无异常,我们只画出了 C、F 及 G_u、E_u 的结果。可以看出:C_v、F_v 的异常比 C_u、F_u 显著,也就是说,由于相位错动造成的异常更为显著。这点与花莲地震的情形相似,而与卡莱尔地震不同。花莲地震是在最低点发震,震后即恢复。唐山地震的异常是先上升(绝对值减小)后下降(绝对值增大),基本是在接近最低点发震,震后异常持续一段时间才开始恢复。异常最大的周期是 24.4 分钟和 32.0 分钟。C_v、F_v 异常的幅度达到 0.7~0.8;C_u、F_u 的异常幅度达到 0.3~0.4。从图 7.15 看出,异常的持续时间也比较长,图中标出了唐山主震及较大的余震,最后一个是 1980 年 8 月的 5.8 级地震。之后才恢复到原来的水平。从 1975 年的上升阶段算起,到 1980 年结束,异常持续了 6 年。

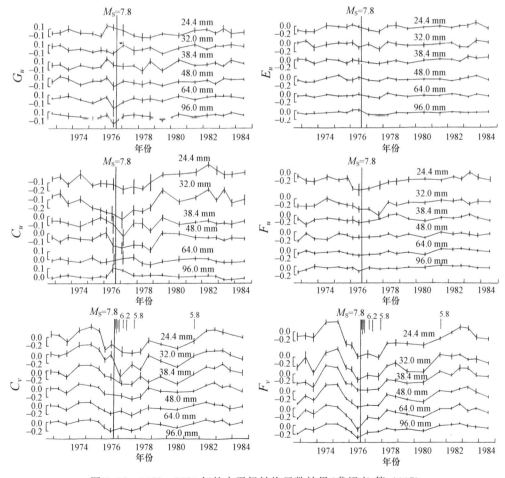

图 7.15　1972—1984 年的水平场转换函数结果(龚绍京 等,1997)

111

这次只挑选了 19 组数据,由于事件挑选得比较少,事件比较典型,结果比较好。看得出来水平场转换函数的异常比垂直场转换函数大。

(2)1972—1997 年结果(龚绍京 等,2001a)

图 7.16 是 1972—1997 年水平场台际转换函数的结果。画出了 C_u、C_v、F_u、F_v 和 E_u 随时间的变化。画出 E_u 曲线是为了与前面 4 个参量对比,显然 E_u 没有明显的异常,都在零线附近涨落,这点与图 7.15 一致。水平场转换函数其他参量都没有明显的异常变化。

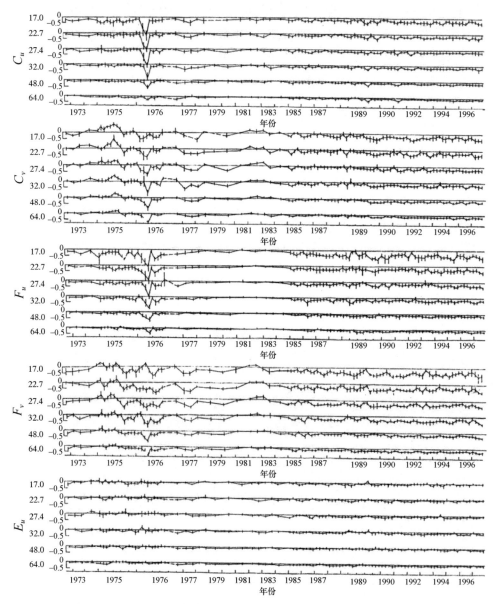

图 7.16 1972—1997 年水平场转换函数的时间变化(龚绍京 等,2001a)

由于 4 个人采样误差较大,图 7.16 的纵坐标标尺是 0～−0.5,而图 7.15 纵坐标的标尺为 0～−0.2,−0.1～−0.2,0～−0.1。因此,图 7.15 可以看出明显的中长期变化;而图 7.16 主要表现为短期和中短期异常。C_u、F_u 表现出明显的短期前兆,异常出现在 1976 年 2—4 月。对 32.0、27.4、22.7 和 17.0 分钟的周期,C_u 的最大异常值分别约达 −1.0、−1.36、−1.4、−1.47。与表 7.3 比较,已大大超过 ±3σ 的判断标准,分别超过 10、16、16 和 18 倍标准差。F_u 各周期的最大异常值分别达 −0.92、−1.26、−1.36 和 −1.4,分别超过 6、9、10 和 8 倍标准差。C_v 和 F_v 的前兆表现为 1975 年上升,然后下降,以 22.7、27.4、32.0 分钟周期较为明显。C_v 的最大异常值分别是 −0.90、−0.83 和 −0.61,分别超过 7、8 和 7 倍标准差。F_v 的最大异常值分别是 −0.61、−0.59 和 −0.65,分别超过 4、5 和 5 倍标准差。

C_v 和 F_v 似乎是中短期前兆,表现为在 1975 年上半年出现正值,1975 年 7 月以后逐步下降,至 1976 年 3 月上旬达到负极大值;以后逐步回升,至 1976 年 7 月已回到正常水平或正值。与以前的结果(龚绍京 等,1997)比较,均为 1975 年出现正值,然后下降为负值。由于这次的资料时段较长,求得的正常值标准与龚绍京等(1997)的研究文章不同,异常的持续期也显得有些不同。显然,"异常"的判断与"正常"的取值很有关系。

为了更好地观察异常的变化情况,截取图 7.16 的一部分做图,如图 7.17 所示。可以看出 C_u、F_u 是短期前兆,出现的时间在 1976 年 2—4 月,3 月达到最低值,异常最大的周期是 17.0、22.7、27.4、32.0。而 C_v 和 F_v 有中短期前兆,1975 年 4—5 月上升,然后下降,1976 年 3 月达最低值。异常最大的周期是 22.7、27.4、32.0、48.0。显然,这次发现的水平场转换函数的短期、中短期前兆的变化幅度远比以前发现的中期前兆(龚绍京 等,1997)大得多,对不同周期,C_u、C_v、F_u、F_v 的变化幅度分别达到 1.0～1.5、0.6～0.9、0.9～1.4、0.6～0.7。

7.4.4 地磁转换函数异常与水头梯度和重力异常在时间上的吻合

昌黎—白家疃水平场转换函数异常、地下水头梯度异常(王雅灵 等,1999)和重力异常(梅世蓉,1993)是大体前后脚相继出现的。而且水平场转换函数在 25.5 年中只出现唯——次异常,异常的幅度还很大,这无疑是很有价值的。图 7.18 是唐山地震前天津及唐山附近地区水头梯度的变化,可以看出水头梯度异常出现在 1976 年 3—5 月,最低点在 5 月,个别测点出现在 6 月。地磁水平场转换函数的异常要出现得稍早些,2 月就开始下降,3 月达到最低点。

"水头"是指井底到水面的水柱高度,设为 M,单位为米(m)。设井深为 L,"水头梯度"是指单位井深的水头值,记为 T,则 $T=M/L$。水头梯度变差值是指两个时段水头梯度的差值:$\Delta T=T_i-T_j$(T 和 ΔT 都是无量纲的量)。反映中长期变化用两个相邻年份同期水头梯度月均值的差值。反映短期前兆用相邻月份水头梯度月均值之差。可以用这种差值画出面上的分布图,以圈定异常的区域。也可以用水头梯度的月均值画出随时间的变化,以考虑发震时间。一般应该排除掉因为降雨等因素对水头梯度值的影响。图 7.18a 就是排除各种因素后水头梯度月均值的变化曲线。可以看出水头梯度值从 1976 年 3 月开始下降,5 月达到最低点,有 2 个测点是 6 月达到最低点(王雅灵 等,1999)。

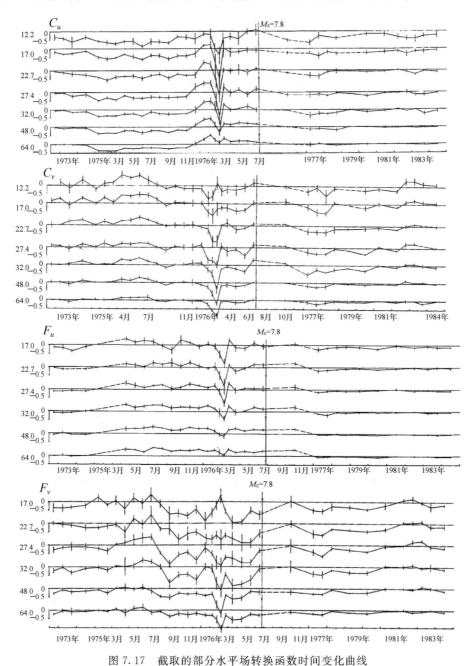

图 7.17　截取的部分水平场转换函数时间变化曲线

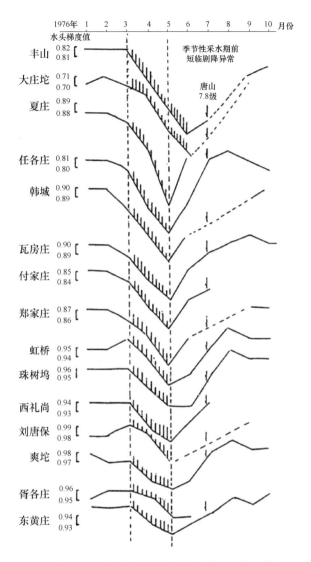

图 7.18a　唐山地震前水头梯度的时间变化(王雅灵 等,1999)

水头梯度值乘以水的比重代表水柱所产生的水压,水的比重为 1。所以当水头梯度变差值为正时,或者水头梯度值上升时,代表水压在上升,相反代表水压下降。水头梯度值反映单位长度上水的压力,这是它比单纯的水位值优越之处。有学者认为水头梯度值反映"应力",笔者认为,水头梯度反映孔隙压。根据流体力学原理,水柱所产生的压力应与含水层中的孔隙压相平衡。因此,当 ΔT 为负时,或水头梯度值下降时,孔隙压在下降,地下水将流向新增加的裂隙。所以 ΔT 为负或水头梯度值下降,实际反映了孕震的扩容—膨胀过程。当水头梯度值上升时,应该说明地下水流入新增加的裂隙直至被水充满。不过水头梯度仅反映较浅层即上地壳的地下水流动的情况。

115

流动重力测量表明,1973年以后唐山地区重力值上升较明显,在震前的3个月内(7月28日之前的3个月,应该是4月下旬开始加速)测出了重力值加速变化,增加达180×10^{-8}米/秒^2(梅世蓉,1993)。重力增加说明什么? 当产生新的裂隙而孔隙压降低时,水尚未进入新增加的裂隙,重力值应是下降的。随着水流入新产生的裂隙,孔隙压增加,重力也应该增加。如是这样,重力值应该有一个先减小、后增加的过程,但情况似乎并不是这样。那么,重力的增加可能与地幔物质的运移有关,内部物质运移程度加大,使得应力增加,同时重力值加速增大。

地磁水平场转换函数、地下水头梯度和流动重力依次在唐山地震之前出现异常,而且地磁转换函数出现的时间最早,为2—4月;水头梯度出现在3—5月;流动重力出现在4—7月。总的来说,都在3月以后表现出异常。地磁转换函数出现异常早,可能与其反映的深度有关,因为它应该反映上地幔至地壳下层电性结构的变化。唐山地震前没有小震密集发生的前兆现象,说明唐山地震的发生有一个硬性的断裂错动的过程,这一定与地下深部的应力集中和加强有关。而这个过程可能与地幔物质的上涌和高导层的隆起以及陆内板块的运动有关。深层的变化应该比其他浅层的变化早。而地下水头梯度的加速变化应该对应破裂的加速阶段,即对应图7.18b中的"C"段及以后。这时生成更多的裂隙,地下水加速下降,达到最低值后,水已填满,这时只能是挤压而使孔隙变小,所以出现了水头梯度值的回升。

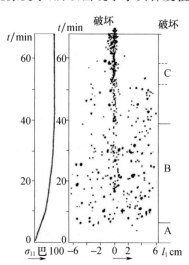

图7.18b 微破裂产生与集中的过程(茂木清夫,1981;Mogi,1971,1972)

(A. 没有微破裂;B. 微破裂分散在整个体积内;C. 微破裂聚集在未来主断裂分布区附近)

昌黎台位于渤海北东向长条形高导层隆起区的北部斜坡上,见第3章图3.20。第4章表4.3表明:昌黎台帕金森矢量的倾角在震前减小了$2.7°$。是否可以解释为这个隆起区在扩大,使昌黎地磁优势面的倾角减小。或者也可以是图4.8解释模式?

如果是居里等温面隆起引起高导层加大隆起,从而使导电层的界面发生变化,那么居里面的隆起应使地磁绝对测量值减小。事实是,震前昌黎—白家疃的地磁绝对差值是减小的。居里等温面的隆起还可以解释为何震前地下水的水温大幅增加。

7.5　水平场转换函数中、短期前兆的机理——水平场幅度差异和巨相移

7.5.1　台站间地磁水平分量幅度和相位的巨大差异

过去学地磁学时,研究地球变化磁场的时空分布规律,都是从全球规模考虑它的经纬度分布,很少考虑在局部地区地球变化磁场存在的差异。只是在研究地下电性结构时,首先发现相距不远的台站间地磁短周期变化的垂直分量有时差别很大,但此时水平分量仍视为是均匀的。如果均匀,则水平场转换函数应该为 0。实际上,在无地震时水平场转换函数并不为零,而是有很小的取值。在卡莱尔、花莲、唐山地震前后,都观测到水平场转换函数有很大的变化。这使我们考虑不仅不同台站间垂直分量会有很明显的差别,水平分量也可能有差别,尤其在地震孕育期间可能会有较大差别。于是对研究地磁场的水平分量有了更多的兴趣(Gong et al. ,1993)。

按照定义,转换函数表达施感场与感应场之间的函数关系,因此转换函数的变化也预示着施感场与感应场之间的幅度与相位关系有所变化。不过我们求出的转换函数已做了近似处理,利用实际记录的磁场来表达,因而转换函数的变化也就代表实际记录到的地磁场各分量间的幅度与相位的关系有所变化。一般情况下,转换函数的实部称为转换函数的同相部分,对水平场转换函数,主要由两台站间水平分量变化幅度的不同引起。虚部称为转换函数的正交部分,主要由两台站间的相位差引起。为了探寻前面叙述的 C_u、C_v、F_u、F_v 变化的机理,挑选每组中异常场值的标准差 SS 比较大的事件,逐个对比昌黎与白家疃站水平分量的时间变化曲线,发现变化幅度有些差别,有时相差还很大;而相位的差别不仅很大,还多次出现并持续时间较长。图 7.19 形象地显示了振幅和相位不同所产生的异常场曲线。这种"差值曲线"的标准差 SS 在没有水平场转换函数异常的年份比较小,且波动比较随机。但在唐山地震前的 1976 年 3 月振幅和相位的差别及 SS 都很大。相移时间最大可达 11~13.5 分钟。我们称其为"巨相移"现象。典型的幅度差和巨相移现象见图 7.19。

为了调查这种相移是否仅出现在昌黎台,我们选了纬度相近的昌黎(C)、青光(Q)、白家疃(B)、张家口(Z)4 个台站的 19760307 事件 H 分量的时间变化曲线,零均值化后等间隔地绘于图 7.20。可以看出,其他 3 个台站的相位基本是一致的,只有昌黎台的相位有较大的错动,我们将之称为"巨相移"。如果这个湾扰遵从地方

时,则青光与张家口之间应该也有相位差,但从图7.20看并没有。图中纵坐标的单位是nT。

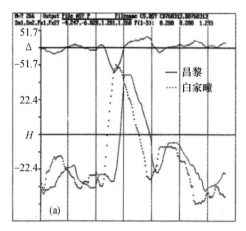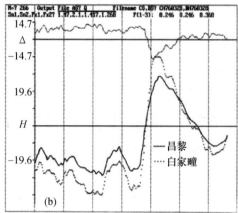

图 7.19 相位和幅度不同所产生的异常场曲线(昌黎—实线;白家疃—虚线)

((a)1976年3月13日;(b)1976年3月20日。图中的时号线间隔为0.5小时,文件名的第一个字母代表台站,第二个字母代表分量,以后的数字大体与事件所在的日期吻合。图中下面的两条曲线是零均值化后两个台的变化曲线,虚点线代表白家疃台,实线代表昌黎台;上面的一条实线是异常场曲线,是两台站时间序列的差值)

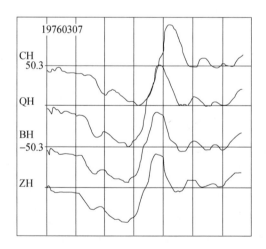

图 7.20 昌黎(CH)、青光(QH)、白家疃(BH)、张家口(ZH)四个台站 19760307 事件 H 分量变化曲线的对比(左边第一个字母代表台站,第二个字母代表地磁场的分量)

7.5.2 相移现象的时间检验

用昌黎和白家疃台特征点(极值点或拐点)位置的差距来标志"相移"的大小。用 Basic 语言编制一个程序,将昌黎和白家疃台同一事件同一分量的变化曲线回放显示在计算机屏幕上。同时设定一个移动棒,分别对准某个特征点。图 7.21a 对准了昌黎台的特征点,图中显示 Y1 和 Y2 分别表示两条曲线与移动棒相交处的纵坐标取值,X 则表示昌黎(或白家疃)台特征点(也是移动棒)横坐标的取值。根据图 7.21a 和 7.21b 算出同一特征点出现的时间差 $\Delta t = (X_昌 - X_白) \times 0.75$,其中,0.75 是采样间隔,单位为分钟(min)。图 7.21a 中 $X = 32$,图 7.21b 中 $X = 34$。昌黎—白家疃的相移为 $\Delta t = (32-34) \times 0.75$,为 -1.5 分钟,表明昌黎的相位超前白家疃 1.5 分钟。

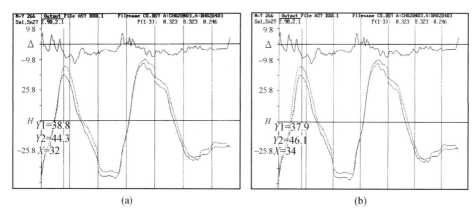

图 7.21　昌黎(a)、白家疃(b)台地磁变化特征点的位置(实线—昌黎,虚线—白家疃)

图 7.22 表示从 1972 年至 1983 年间,一些特征点错位的情况。一个事件(即一条曲线)选 3～5 个特征点,给出平均值 $E\Delta t$、极大值 Δt_{max} 和极小值 Δt_{min}。图 7.22 中 $E\Delta t$ 的短横虚线是 1 年或 0.5 年的平均值。横坐标不是等间隔的,1975—1976 年由于点比较多,时间间隔比其他年份大。纵坐标表示相位移的大小,单位为分钟(min)。由于采样、计时误差等原因,0.75～2.25 分钟的相移在误差范围内。可以看出 Δt_{min} 在许多时候都为 0,表明大多数事件中 2 个台站有一个特征点是重合的。也说明计时误差基本不超过 1 分钟。从图 7.22 看出,在唐山地震前有巨大的相移。

图 7.23 是按扰动的类型求出的 Δt 的平均值。可以看出,湾扰与其他扰动错动的时间曲线基本是一样的。

图 7.23 中,Δt 为正值时代表昌黎台相对白家疃台的相位靠后(即后发生),为负值时代表昌黎台的相位超前。该图也很好地说明为何 C_v、F_v 在 1975 年上升,1976 年下降达到最低值。从图 7.23 看,3 种统计曲线大体相同,只有细微差别。昌黎台经度为 119°02′32″E,白家疃台经度为 116°10′30″E。两台经度相差 2°52′。按每度地方时相差 4 分钟算,昌黎台湾扰特征点应比白家疃台超前 11 分钟。表现在图上应该有 11 分钟的系统偏差,但在实际工作中我们并未发现湾扰有这么大的地方性差异,如图 7.20、7.21、7.23 所示。也许从全球范围考察,湾扰应该遵从地方时,但在几百千米范围内,这一结论似乎不成立。

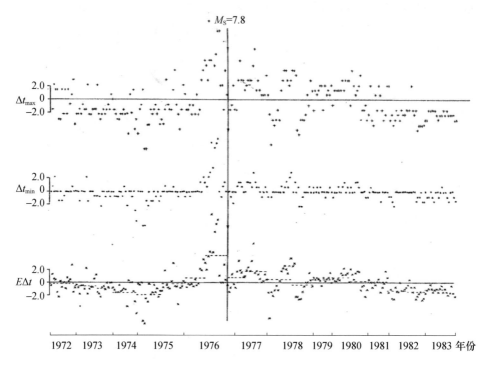

图 7.22　昌黎—白家疃台之间特征点位置的错动

（$E\Delta t$——'×'，Δt_{max}——'+'，Δt_{min}——'·'）

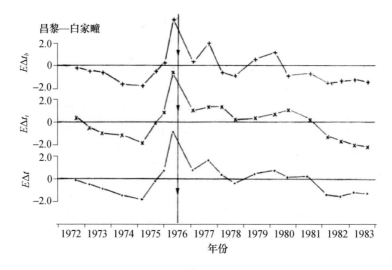

图 7.23　1972—1983 年各组资料昌黎与白家疃台之间相位错动的年平均值（单位：分钟）

（$E\Delta t_b$ 下标 b 代表湾扰；$E\Delta t_t$ 下标 t 代表在磁暴中发生的急始、类急始和各种孤立的扰动；

$E\Delta t$ 代表混合各类扰动的平均结果）

7.5.3　相移现象的空间检验

为了证实是否只有昌黎台存在相移现象,我们又增加处理了青光—白家疃、红山—白家疃的资料。4 个台站选同样的事件,并求出特征点 Δt 的均值。图 7.24a 是 1973—1983 年的结果,一般取年均值,其中 1975—1976 取得较密,为半年均值。图 7.24b 则画出了 1975—1976 年每个事件的平均相移 $E\Delta t$,相移最显著的是 1976 年 3 月。可看出,只有昌黎台存在"巨相移"现象。

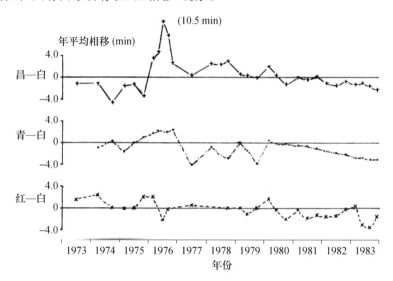

图 7.24a　三个台典型事件年(半年)平均相移 $E\Delta t$ 的对比(1973—1983 年)

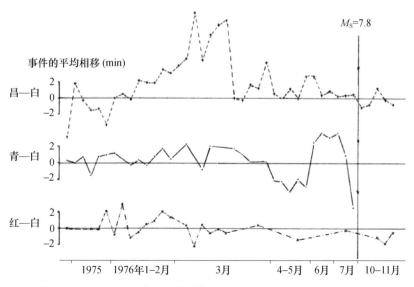

图 7.24b　三个台各典型事件平均相移 $E\Delta t$ 的对比(1975—1976 年)

为了更广泛地检验相移现象的空间分布特征,我们又收集了大连、呼和浩特、长春等台站的资料,分别考察了 2 个无异常的事件(14 个台站)、2 个有异常的事件(8 个台站),其结果见表 7.3、表 7.4。注意,表中所有数值的单位为分钟(min)。可以看出,各台站水平分量的相位都比白家疃台靠前,即都是负值。从表 7.3 中没看到有特别突出的"相移"。由于计时误差(包括时钟误差和仪器调试带来的计时误差,例如,当时号灯的信号光源与记录滚筒的夹缝不在一个平面上时,整点时记录光点不会正好落在时号线上,造成计时误差)、采样误差,特征点选取误差($\Delta t_{\max}$)达 4~5 分钟是完全可能的。因此,表 7.3 代表了在正常情况下的相位分布特征。

表 7.3　无震时各台站 H 分量特征点相对白家疃台的相移

台站	省份	1983-10-04(T)			1983-10-08(B)		
		$E\Delta t$	$\Delta t_{\max}$	$\Delta t_{\min}$	$E\Delta t$	$\Delta t_{\max}$	$\Delta t_{\min}$
昌黎(C)	河北	−2.06	−6.0	−0.75	−1.61	−3.0	0
青光(Q)	天津	−2.75	−3.75	−1.5	−3.43	−4.5	−1.5
红山(H)	河北	−2.92	−5.25	−1.5	−1.5	−2.25	0
白家疃(B)	北京	0	0	0	0	0	0
沧州(J)	河北	−2.25	−3.75	0	−4.18	−5.25	−3.0
黄碧庄(Y)	河北	−2.0	−3.0	0	−3.21	−5.25	−1.5
张家口(Z)	河北	−2.5	−4.5	−0.75			
沈阳(X)	辽宁	−2.17	−4.5	0	−2.67	−4.5	−0.75
呼和浩特(F)	内蒙古	−2.75	−4.5	−0.75	−3.21	−5.25	−1.5
长春(L)	吉林	−1.0	−3.0	0	−3.11	−5.25	−1.5
大连(D)	辽宁	−4.64	−6.75	−2.25	−3.86	−6.0	−2.25
郑州(P)	河南	−2.67	−4.5	−1.5	−3.43	−5.25	−2.25
泰安(T)	山东	−1.17	−2.25	0	−1.71	−3.75	0

注:(B)代表湾扰;(T)代表磁暴;台站名后括号内为台站代码。

在表 7.4 中,长春、大连、张家口、红山台站都为负值或接近零。这几个台站分布在白家疃台的东西两侧,如果考虑地方时,应该东边出现特征点相位早于白家疃台时为负值,西边的相位晚于白家疃时为正值,但实际情况并不如此,大多都是负值。出现正值的有昌黎和呼和浩特台,青光台则是很小的正值。表 7.4 除了表明昌黎台的异常外,呼和浩特台是否也出现了异常?

表 7.4　有异常时各台站 H 分量特征点相对白家疃的相移

台站	代码	1976-03-07			1976-03-11		
		$E\Delta t$	Δt_{max}	Δt_{min}	$E\Delta t$	Δt_{max}	Δt_{min}
长春	L	−1.28	−3.0	0	−3.25	−8.25	−2.5
大连	D	−4.39	−6.75	−1.5	−4.37	−8.25	−3.0
昌黎	C	9.75	13.5	6.75	8.38	11.25	3.75
青光	Q	0.64	3.75	0	1.75	4.5	2.25
白家疃	B	0	0	0	0	0	0
张家口	Z	−2.78	−4.5	0	−4.25	−5.25	0
红山	H	−2.46	−4.5	0	0.25	1.5	0
呼和浩特	F	6.11	8.25	3.75	3.75	6.0	0.75

7.5.4　呼和浩特台站的相移现象

在无地震的时候,昌黎、青光、白家疃、呼和浩特 4 个台的变化大体是一致的,见图 7.25。图中的横线代表 4 个台的零线。左边的数字代表坐标的尺度,单位为 nT。

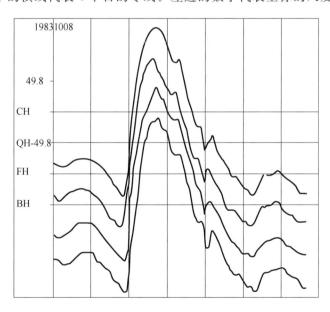

图 7.25　昌黎(C)、青光(Q)、呼和浩特(F)、白家疃(B)台的湾扰事件(19831008)

1976 年 4 月 6 日在呼和浩特东南的和林格尔发生 6.3 级地震,和林格尔和唐山的震中位置见图 7.26。为查实呼和浩特是否有异常存在,又收集了一些资料,发现在 1976 年 1—3 月呼和浩特也多次出现相移现象,见图 7.27～7.32。

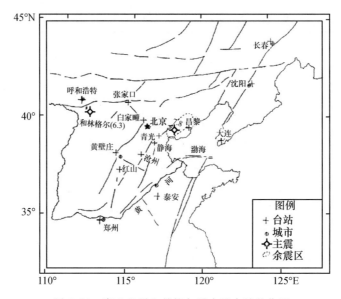

图 7.26　唐山地震和林格尔震中及台站的位置

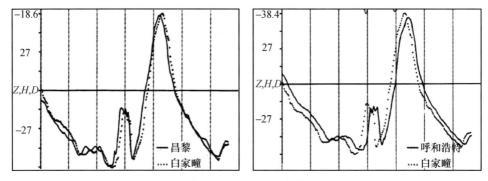

图 7.27　19751208 事件

1975 年 12 月两台站 H 的相位和幅度有差别，都不大；昌黎台有点点超前，呼和浩特台有点落后。

1976 年 1 月 30 日昌黎台还未出现巨相移现象，呼和浩特台却出现了。

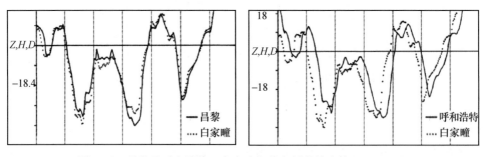

图 7.28　昌黎及呼和浩特—白家疃相移和幅度的比较(19760130)

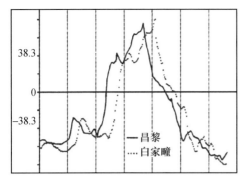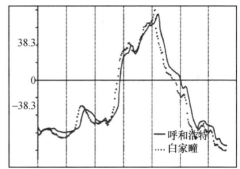

图 7.29　昌黎台相位超前于白家疃台,但呼和浩特台落后于白家疃台(19760217)

1976 年 2 月 17 日昌黎和呼和浩特台相对于白家疃台都有相移,但昌黎台的相移较大。昌黎台超前于白家疃台,呼和浩特台落后于白家疃台。

从图 7.30 看,昌黎和呼和浩特台都落后于白家疃台,昌黎台的相移比呼和浩特台大。而昌黎台的幅度略大于白家疃台,呼和浩特台幅度略小于白家疃台。从图 7.31 看,不仅有相位错动还存在幅度差别,昌黎和呼和浩特台都落后于白家疃台,但呼和浩特台的相移比昌黎台大,昌黎只显示落后一点点。白家疃台的幅度比昌黎和呼和浩特台都大。呼和浩特台的相位和幅度的差别都比昌黎台明显。

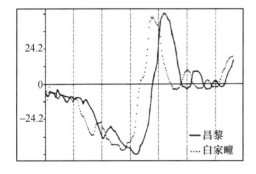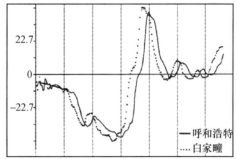

图 7.30　19760307 事件

与 19760317 事件不同,对 19760320 事件,昌黎和呼和浩特台与白家疃台比较,主要表现为幅度的差别,昌黎台的差别比呼和浩特台显著,幅度皆比白家疃台小,见图 7.32。

海城地震、唐山地震、和林格尔地震以及后来的大同—阳高地震都发生在北纬 40°附近,处于燕山构造带上。而大连、昌黎、青光、白家疃、张家口、呼和浩特 6 个台也大体在北纬 40°附近,基本呈东西向,东边略偏南。那么呼和浩特台先出现的(19760130)、后来昌黎和呼和浩特台大致同时出现、相对于白家疃台的相移和幅度差别现象,是整个构造带的活动,还是两个地震单独有自己的孕震区?

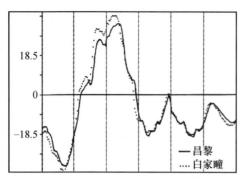
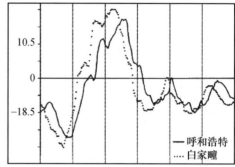

图 7.31　19760317 事件的对比

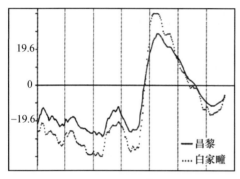
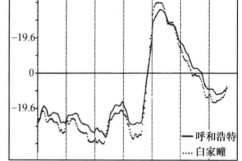

图 7.32　19760320 事件的对比

将表 7.3 和 7.4 的数据画出等值线图（图 7.33、图 7.34）。三幅图有一个共同特点，即在大连和昌黎之间、张家口和呼和浩特之间形成了似是偶极子磁场分布

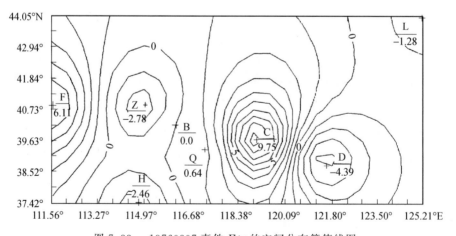

图 7.33a　19760307 事件 $E\Delta t$ 的空间分布等值线图

（台站的位置用＋表示，＋旁边的分式：分子为台站的代号，分母为该台的相移值；由东到西台站的代号为：
D—大连、C—昌黎、Q—青光、B—白家疃、H—红山、Z—张家口、F—呼和浩特。余同）

的等值线。从分母看,大连是负值,昌黎是正值;张家口是负值,呼和浩特是正值。这是否意味着尽管两个地震都与燕山带有着关联,但两个地震却各有自己的孕震区?

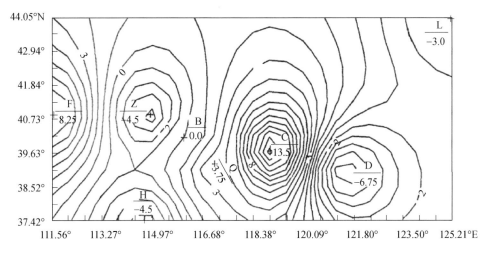

图 7.33b　19760307 事件 Δt_{max} 的空间分布等值线图

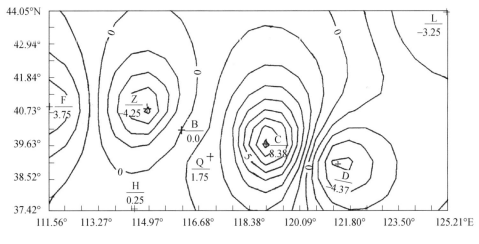

图 7.34　19760311 事件 $E\Delta t$ 的空间分布等值线图

　　再看 19831004 事件的等值线图,很没有规律,见图 7.35。表明在没有异常的时期,不存在类似偶极子的等值线分布。

　　我们曾赴呼和浩特收集资料,但由于资料极不连续、不稳定,没有做转换函数,仅选取一些事件做了以上的工作。以上图像表明,在和林格尔地震和唐山地震之前,台站之间地磁短周期变化水平分量的幅度和相位都有变化。而且这个现象非常直观,不需要繁琐的计算,也许台站同志都可以尝试。

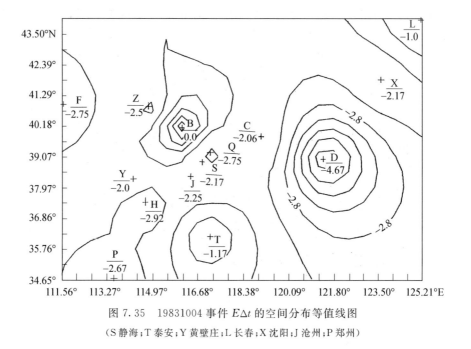

图 7.35　19831004 事件 $E\Delta t$ 的空间分布等值线图

（S 静海；T 泰安；Y 黄壁庄；L 长春；X 沈阳；J 沧州；P 郑州）

7.6　汶川地震

7.6.1　资料情况

2008 年 5 月 12 日在四川汶川发生 8.0 级（M_S）地震，震中位于龙门山断裂带中段，震中距成都郫县台仅 40 多千米。在震中周边分布有成都、西昌、重庆三个台，2007 年 5 月开始有数字化磁通门磁力仪资料，震中和台站的位置见图 7.36（龚绍京等，2012；见文后彩插）。利用 2007 年 5 月至 2013 年 12 月的数字化资料，计算地磁转换函数 A、B 及帕金森矢量。成都、西昌、重庆台资料都由设于中国地震局地球物理研究所的国家地磁台网中心提供，是经过高通滤波预处理的分钟值资料。最初得到的资料，成都台 2007—2008 年是 FHDZ-M15 型磁通门磁力仪（以下简称 M15）的预处理分钟值，其他时段和其他台站都是 GM4 磁通门磁力仪预处理分钟资料。结果出来后发现成都台 2008 年 3—10 月似有异常。该中心主任提出：2008 年 1 月 26 日至年底成都 M15 仪受潮湿影响，垂直分量 Z 的数据不可靠。国家地磁台网中心利用 F_S 和 H_S 反算了垂直分量值，记为 Z_1，$Z_1 = (F_S^2 - H_S^2)^{1/2}$。这里，$F_S$ 是 M15 仪的总强度记录经墩差改正归算到绝对观测墩上的结果。H_S 是 M15 仪的水平强度记录经基线值改正归算到绝对观测墩上的结果。$H_S = H_0 + H$，H_0 为基线值，H 为相对测量值，是变化磁场在磁北方向的分量。国家地磁台网中心后来将这种计算的 Z_1 数据加入 GM4 的数据中,形成 2008 年的 GM4 数据(5 月 20 日以后为 GM4 实测值)。因此,2008 年有 2 套数据,即 M15 实测值和加入 Z_1 后的 GM4 数据。从 2008 年 1 月 26 日至 5 月 19 日,M15 的实测 Z 与 Z_1(Z_1 是绝对值)比较,其取值有相当的差别,国家地磁台网中心认为后者(Z_1)比较可靠,因误差传递等原因产生的误差<1 nT。

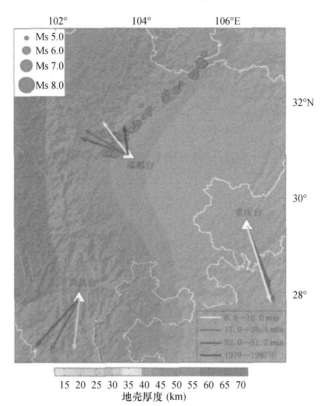

图 7.36　震中、台站位置及不同周期的帕金森矢量(龚绍京 等,2012)
(图中成都、西昌、重庆台的三个箭头是谱分析结果;成都台指向北北西的黑箭头是
20 世纪 80 年代磁变仪上的量图结果,参看彩图)

作者(龚绍京 等,2015)认为,尽管偏角的绝对值很小,D 对 Z_1 的影响会相对较小,一般情况下可忽略。然而,D 的变动对转换函数的影响却可能不能忽略不计。尤其成都台的转换函数 B_u 在 0.2 左右,而 A_u 只在-0.1 左右,B 值主要受 D 的影响,因此用 F 计算 Z 时不要忽略 D 的变化。本书采用 Z_2,$Z_2 = (F_s^2 - H_s^2 - D^2)^{1/2} = (Z_1^2 - D^2)^{1/2}$,该公式只适用于地磁坐标系,此时不需要考虑偏角的基线值 D_0。为验证采用这种计算值的效果,用 2008 年 1 月的 Z_2 与 M15 实测 Z 两种数据计算了转换函数 A_u,将结果列入表 7.5 以进行比较。两种结果选的事件相同,事件的起点相差不超过 2 分钟。由表 7.5 看出,用 Z_2 算出的转换函数的绝对值偏大稍多一些,两者相差的范围为

0.0002～0.04,相差较大的几个数都在较短周期,可能有其他干扰的影响。要说明的是,由于误差传递,计算的 Z_2 会有较大误差,它每天的变化曲线中小噪声较多,因此得到的转换函数有些差别且误差较大是必然的。但为了验证汶川地震的异常是否存在,做这个工作是必要的。

表 7.5　用 Z_2 与实测 Z 得到的转换函数 A_u 之比较

文件	周期							
	64.0 min	51.2 min	42.7 min	34.4 min	25.9 min	19.2 min	14.1 min	10.1 min
M15/0104	−0.0669	−0.0923	−0.1022	−0.1286	−0.1032	−0.1418	−0.1453	−0.1638
Z_2/0104	−0.0709	−0.0885	−0.112	−0.1253	−0.1054	−0.1465	−0.1385	−0.1967
M15/0111	−0.0825	−0.0935	−0.1012	−0.1093	−0.1297	−0.1415	−0.1450	−0.1863
Z_2/0111	−0.0839	−0.0922	−0.1055	−0.1151	−0.144	−0.1093	−0.1879	−0.2169
M15/0116	−0.0677	−0.0846	−0.0925	−0.1294	−0.1336	−0.1464	−0.1481	−0.1792
Z_2/0116	−0.0680	−0.0829	−0.101	−0.1161	−0.1288	−0.1502	−0.1877	−0.1724
M15/0122	−0.0875	−0.0732	−0.0990	−0.1256	−0.1354	−0.1642	−0.1655	−0.1936
Z_2/0122	−0.0786	−0.0887	−0.1085	−0.1258	−0.1352	−0.1417	−0.1868	−0.2113

注:表中各周期值实际代表一定的周期范围,即 34.4(32.0～36.57),25.9(23.27～28.44),19.2(17.07～21.33),14.1(12.19～16.0),10.1(8.53～11.64)。

7.6.2　新编 Matlab 程序

2007—2008 年,我国的地磁相对观测大部分已改用磁通门磁力仪,实现了数字化记录。随着计算科学的发展,出现了许多新的计算机语言。为了适应这种新的变化,将过去编的 Fortran 语言程序改编成 Matlab 语言程序(龚绍京 等,2015)。新编的程序中,在计算机上完成下面的工作。

(1)点击图 7.37 中的 Openfile 标识,读入数据,对数据进行检验,对有缺陷的数据,有些可通过内插处理,如缺数据太多,则发出警报,该天不能挑选事件。

(2)挑选事件,将 3 个台站 1 天的数据显示在屏幕上,挑选事件,确定事件的起始位置。点击 Save file_′c 将 3 个台站的数据形成数据文件并存储。事件挑选的原则为:①选取我们要的周期成分,并使所含周期成分尽量丰富。如图 7.37b(可参考文后彩插)中,选择事件时有意将前面小的起伏包含进去。选择时还要考虑两端的情况,如选在 12:00 开始,则后面的结尾部分不好,所以选在一个小的扰动之前开始。可将后面更明显的扰动包括进去,且在较平缓部分结尾。②避开 3 个分量的日变化,尽量在下午和夜间的时段选取。③避开和识别各种干扰(指仪器的、环境的);有些干扰持续时间较短,可以用线性内插的办法改正。④一般不选特别激烈的扰动,因激烈的扰动可能不能满足源场准均匀的假设,由于源场不均匀产生的源场效应会造成估计值的涨落,为此尽量选全球同时发生的事件,不选地方性扰动如钩扰。⑤遇到缺数的情况,如果时间不长,可以用线性内插的办法补数。⑥起止点要选在比较平坦的位置而不是快速变化的途中,要兼顾 H 和 D 的变化,还要两头兼顾。由于是端点线性去倾,如果起止位置处在一个相近水平则最好,如不能满足上述条件,则起止点也要选在拐点(停顿)或极值点的位置,如图 7.37 所示。⑦要注意识别 Z 的较长周期成分是否由于 H、D 的变化引起? 如果不是,则会影响长周期的转换函数结果,我们遇到过不是由于 H、D 变化引起 Z 变化的情况。

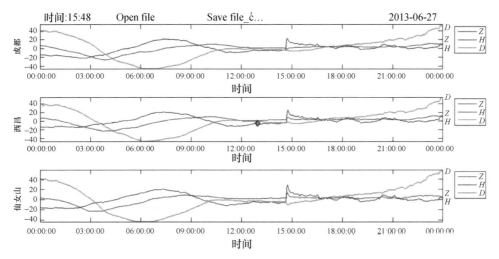

图 7.37a　20130627 事件($N=256$,$\Delta t=1$ 分钟,$T=4$ 小时 16 分钟)

("◆"代表事件的起始时间;可看出成都台的 Z 与 H 的变化是反向的,
成都台的 Z 变化与西昌和重庆(仙女山)的 Z 也反向,参看彩图)

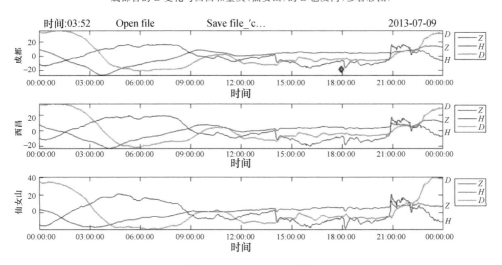

图 7.37b　20130709 事件

(可看出成都台的 Z 与 H 的变化以及与西昌和重庆(仙女山)的 Z 都是反向的,参看彩图)

图 7.37 是挑选的例子。由图可以看出:3 个台 H、D 的变化大体相同,但 Z 的变化不同。可看出重庆(仙女山)的 Z 受 H 的影响较明显;成都台的 Z 比较小,有时还与 H 反向,受 D 的影响稍明显;而西昌台受 H、D 两者的影响。这反映了地下电性结构有差别。

(3)点击 Savefile 标识,生成数据文件并存储后。可接着挑选另一组数据,一天最多可挑选 3 个事件。

(4)完成垂直场单台转换函数的分组和计算。在计算程序中,引用了过去 Fortran 程序的所有办法,但没有用 P 选择(去掉小于平均噪声水平的事件)。其中用到了滑动平均、去倾、高通滤波、FFT、对 FFT 的结果分组、对每组中的波素挑出 H^2+D^2 最大的频点参与计算。用复数最小二乘法及稳健估计和变换后的多元回归法计算 A_u、A_v、B_u、B_v 及它们的误差或 95% 置信区间。

根据作者过去对地磁短周期事件时间序列的分析(龚绍京,1983),选 $m=12\sim16$ 计算一组转换函数,多数都是 $13\sim15$ 个事件。由于是分钟值,所能挑选的事件数和所能求出的周期都受到了限制,求不出更短周期的转换函数。好在以往震例显示 $10\sim48$ 分钟周期的转换函数也能很好地检测到异常。每组转换函数所占的时间跨度视事件多少而变,一般是 $7\sim10$ 天一组,也有 5 天可求一组的。数据不好时半个月或更长时间才能求出一组。以每个时间跨度的中点日期代表该组转换函数的时间点,误差只有半天。

(5)输出 A_u、A_v、B_u、B_v 的周期响应曲线。计算帕金森矢量参量 φ、L、I 及它们的误差。形成结果文件:***_res。结果文件名包括台站名的代号、分量、所包含时段的中点日期、后缀_res。之所以选中点日期,是为了以后画转换函数的时间变化曲线方便。

(6)用结果文件绘出各个参量的时间变化曲线,如图 7.38 所示。

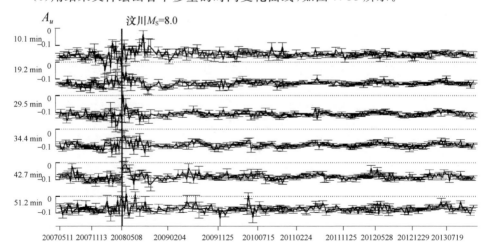

图 7.38　成都台 A_u 时间曲线(A_u 为负值,2007—2008 年为 M15 数据,其余时段为 GM4 数据)

7.6.3　单台垂直场转换函数

数字化仪器的干扰情况我们还没有仔细研究,总的来说,似乎比磁变仪多了电子设备所特有的噪声,我甚至向中国地震局地球物理研究所五室提过:"磁变仪停掉可惜了"。由于一些小的干扰可能没有被发觉,或是没办法识别、消除,因此较短周期(小于 10 分钟)的结果并不稳定。同时由于采取端点去倾,数据没有零均值化,使得存在 FFT 的非零直流项(第一项)。由于 FFT 的样本长度不算很长,会有谱线扩散问题。当 3 个分量的时间曲线大多集中在起、终点连线一侧时,非零直流项有时可能会较大,影响长周期的结果。因此我们研究转换函数的时间变化时,只取周期 10～64 分钟的值。

由于仪器的噪声和稳定性问题,汶川地震的结果涨落较大。10～64 分钟的周期范围可以画出 8 条时间变化曲线,但图形显得"很挤"。为此选择了 6 条曲线,其对应的周期从下至上分别是 51.2、42.7、34.4、29.5、19.2、10.1 分钟。图 7.38 中,2007—2008 年用 M15 预处理分钟值,2009 年开始用 GM4 预处理分钟值(即滤波后的国际交换数据)。其中 2008 年 1 月 26 日至 2008 年底的 M15 的 Z 数据因受潮不可靠。图中纵坐标的标尺长度是 0.1,对成都台是 $-0.1～0.0$。由图 7.38 看出,42.7、34.4、29.5、19.2 分钟四个周期成分在地震发生前后有明显的"鼓包",而 42.7 分钟最明显。2009 年以后比较平稳。不过 2008 年仪器受潮不稳定,结果确实涨落很大。因此不能确信上述"鼓包"就是异常,需用 Z_2 数据做出图 7.39 以相互佐证。

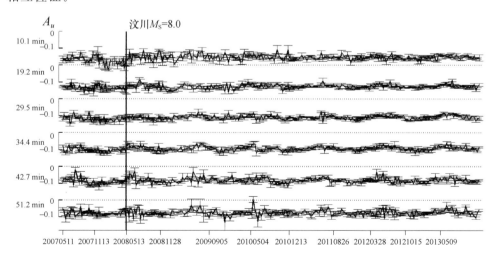

图 7.39　成都台 A_u 时间曲线(龚绍京 等,2015)

(2007 年用 M15 数据;2008 年 1 月至 5 月 19 日用 Z_1 算出 Z_2,$Z_2{}^2 = Z_1{}^2 - D^2$;其余时段为 GM4 数据)

图 7.39 中,2007 年用 M15 预处理数据,2008 年 1 月至 5 月 19 日用由 Z_1 计算的 Z_2 值,5 月 20 日 09:07 开始用 GM4 预处理分钟数据。可以看出,图 7.38 和图 7.39 在 2008 年的形态是不同的。但仔细查看,会发现在地震发生和紧随其后不长的时间内,图 7.38 的 A_u 曲线有可查觉的上升,即 A_u 绝对值减小。而从图 7.39 可看到震前有一不太深的"凹陷"(42.7、34.4、29.5 和 10.1 分钟),即 A_u 的绝对值变大。有意思的是,芦山地震前似乎也有一点"凹陷",只是不太明显,不能算是有明显的异常。

如图 7.40 所示,西昌台的 A_u 时间曲线没有明显的异常,A_u 的取值大致在 0.15 ~ 0.2。重庆台(图 7.41)的 A_u 取值比较大,大约大于 0.2,从图来看,没有明显的异常。图 7.40、7.41 的资料都取自 GM4。从图可以看出,2007 年至 2009 年上半年重庆和西昌台的 A_u 值都很平稳,没有异常。西昌台和重庆台 2009 年下半年以后 A_u 值涨落较大,说明有来自仪器和环境的干扰,而不认为是异常。作者认为异常应遵从成片原则:①要有多个周期同时出现异常;而且这些周期应该是相连的;②要有连续多个点同时出现异常。至于对成都台的结果怎么看?图 7.38 的异常是明显的,但国家地磁台网中心认为那段资料不可靠,尽管我们在选择事件时已排除了可以查觉到的不正常情况,但仍可能有人眼不能查觉的因素影响了数据。图 7.39 的结果是对图 7.38 的佐证,图形不太一样且尤一眼可见的明显异常。但仔细分辨大部分周期的时间曲线均在汶川地震前有一个不大的、略微能分辨出来的下降趋势,并在地震时回升。以 10.1、34.3 和 42.7 分钟三个周期较明显。如果资料的质量能更好一些,也许能分辨出这个不长的、持续仅几个月的"前兆"?图 7.39 中的下降表明 A_u 的绝对值增大,说明地下电性的横向不均匀性增加。地震时 A_u 很快回升,绝对值变小。

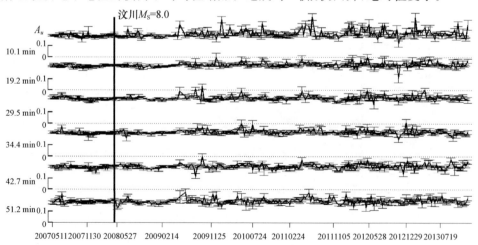

图 7.40　西昌台 A_u 时间曲线(A_u 为正值,大于 0.1)(龚绍京 等,2015)

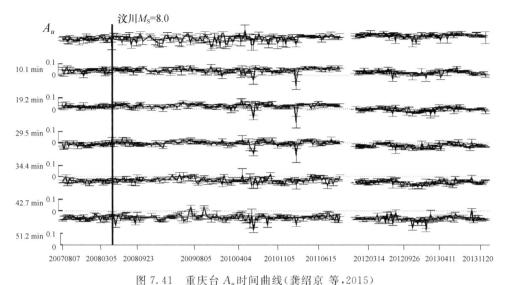

图 7.41　重庆台 A_u 时间曲线（龚绍京 等,2015）

（A_u 为正值,大于 0.2；2011 年 11 月以后为重庆附近的仙女山台资料）

为了更仔细地考察成都台转换函数的变化,本书用成都台 GM4 资料的 A_u、B_u 求出了实帕金森矢量的长度 L_r 和方位角 F_r,并求出 A_u、L_r 及 F_r 的均值,见图 7.42、7.43,求均值所取的时间跨度参考了图 7.39。图 7.42(可参考文后彩插)中,在汶川和芦山地震前都出现了 A_u 下降(绝对值加大),地震时及之后(2008 年 5—6 月和 2013 年 4—7 月)A_u 上升(绝对值变小)。对汶川地震,25.9～64.0 分钟周期的 A_u 是

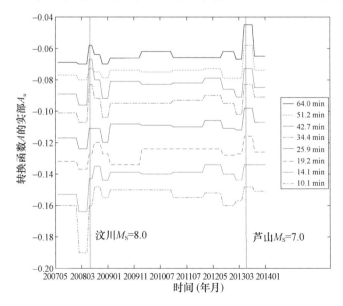

图 7.42　成都台 A_u 的均值在汶川和芦山两地震前后的变化(参看彩图)

在地震发生时上升达到最大;而 10.1～19.2 分钟周期的 A_u 是在震后上升达到最大。从图来看,地震时 A_u 上升的幅度达到 0.01～0.04。芦山地震时也有相似的变化。

图 7.43(可参考文后彩插)中,F_r 表现为在两个地震发生时或震后减小,减小的幅度达到 5°～10°。帕金森矢量的方位角 F_r 变小,表明实帕金森矢量的指向往西朝地震发生的方向移动。也说明上述括号中的两个时段的 A_u 绝对值变小是由于帕金森矢量的方向变化造成的。成都台的 A_u 值上升和 F_r 变小是重要的异常标志。然而这只是一种不很明显的短期现象,有没有更长期的变化呢?

由于帕金森矢量长度 L_r 有些乱,因此未画出相应的图件。

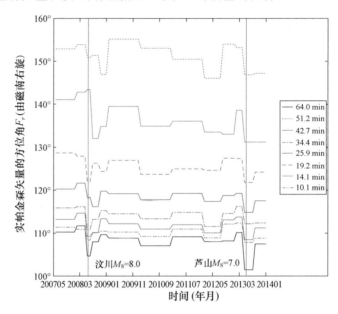

图 7.43 成都台帕金森矢量的方位角均值在汶川和芦山两地震前后的变化

7.6.4 关于是否存在长期异常的讨论

为考察从 20 世纪 80 年代至汶川地震时成都台的转换函数和帕金森矢量是否有长期变化,特意求出成都台 2009—2011 年各参量的均值,见表 7.6。由于条件的限制,作者在 20 世纪 80 年代没有能将收集的磁变仪资料数字化,只好与以前用量图方法做的结果对比(龚绍京 等,1989b)。以前是量取地磁短周期变化事件(如急始、类急始、各类孤立的扰动等)的前沿时间(大致在 2～10 分钟范围)。前沿只取了一个事件的前半部分,其持续时间只能看成大体对应半周期,因此只能与取得的 14.1 分钟和 10.1 分钟分周期的结果(对应的周期范围是 8.5～16.0 分钟)对比。成都(CDP)、西昌(XIC)、重庆(COQ)三个台不同周期范围的帕金森矢量见表 7.6 和图 7.36。

表 7.6　2009—2011 年 A_u、L_r、F_r 的均值及误差 dA_u、dL_r、dF_r（龚绍京 等，2015）

参数	周期							
	64.0	51.2	42.7	34.4	25.9	19.2	14.1	10.1
A_u(CDP)	−0.063	−0.074	−0.082	−0.094	−0.109	−0.127	0.139	−0.152
dA_u	0.012	0.012	0.01	0.008	0.008	0.008	0.009	0.012
L_r(CDP)	0.202	0.213	0.22	0.227	0.224	0.218	0.192	0.173
dL_r	0.024	0.023	0.022	0.02	0.019	0.02	0.022	0.02
F_r(CDP)	108.3	110.1	111.08	114.19	118.69	125.16	136.78	152.85
dF_r	5.28	5.23	4.49	3.91	3.93	4.75	7.32	9.38
A_u(XIC)	0.182	0.196	0.206	0.223	0.228	0.231	0.223	0.212
dA_u	0.014	0.015	0.013	0.012	0.011	0.011	0.013	0.016
L_r(XIC)	0.276	0.281	0.287	0.283	0.276	0.256	0.237	0.223
dL_r	0.027	0.028	0.027	0.024	0.022	0.023	0.023	0.028
F_r(XIC)	49.28	46.99	45.19	39.35	34.89	24.97	13.13	2.05
dF_r	6.24	6.49	6.14	6.28	6.37	8.01	10.29	12.56
A_u(COQ)	0.210	0.242	0.272	0.301	0.329	0.343	0.343	0.324
dA_u	0.013	0.015	0.014	0.011	0.011	0.012	0.014	0.019
L_r(COQ)	0.216	0.246	0.275	0.302	0.329	0.343	0.343	0.324
dL_r	0.019	0.02	0.019	0.016	0.016	0.019	0.023	0.027
F_r(COQ)	−13.62	−15.38	−15.50	−16.38	−17.62	−17.98	−16.59	−14.42
dF_r	8.30	7.33	6.44	5.45	5.15	5.96	8.21	9.07

注：表中误差是 2009—2011 年的平均误差，而不是平均值的标准差。周期的单位为分钟。

帕金森矢量的长度愈大，地下电性横向不均匀的程度愈高。它的方向指向电导率高的一方，例如它会垂直于海岸线总的走向或指向附近的深海。在北半球，它的画法是由磁南右旋 F_r 角。在地理坐标中需要考虑偏角的年均绝对值 D_s，例如 D_s 为 −1.7°，$F_r=108.3$° 表示与磁北方向的夹角是 −71.7°，则帕金森矢量与地理北极的夹角是 −73.4°=−1.7°−71.7°。关于帕金森矢量的物理意义和求法见参考文献（Parkinson，1959，1962；龚绍京，1987）。龚绍京等（1989b）曾用 a、b 求出 1979—1987 年成都台的帕金森矢量，其长度 $L=0.13$，方位角 $\varphi=171.5$°，与地理北极的夹角是 −10.1°。而 2009—2011 年成都台周期为 8.5～16.0 分钟的实帕金森矢量长度 $L_r=0.182\pm0.021$，方位角 $F_r=144.8$°±8.3°，与地理北的夹角是 −36.9°。变化超出了 2 倍误差，变化量达 26.8°，变化十分明显。说明这些年该地区地下电性不均匀的程度增加，帕金森矢量的指向朝汶川地震发生的区域移动。不过，量图方法得出的 a、b 没有严格的周期概念，与 8.5～16.0 分钟的谱分析结果对比，其周期含量不一定吻合，这种对比很粗糙。

为了进一步验证长期变化，作者在计算机上处理了 2011 年 4—6 月三个月的资料，

量取 Δt、ΔD、ΔH、ΔZ 值，$\Delta t = 3 \sim 10$ 分钟。67 组数据求出的结果为：$a = -0.1123$，$b = 0.1412$，$L = 0.1776$，$\varphi = 128.5°$。帕金森矢量与地理北的夹角为 $-53.2°$。76 组数据求出的结果为：$a = -0.1137$，$b = 0.1499$，$L = 0.1849$，$\varphi = 127.2°$。帕金森矢量与地理北的夹角为 $-54.5°$。两组结果相差 $1.3°$，在误差范围内。67 组数据结果与 1979—1987 年的量图结果相比，a、L 和 φ 都有很大变化，$\Delta L = 0.178 - 0.13 = 0.048$，$\Delta \varphi = -53.2° - (-10.1°) = -43.1°$。见表 7.7。

表 7.7   成都(郫县)台的地磁短周期变化参量存在长期变化

方法	$a(A_u)$	$b(B_u)$	$\varphi(F_r)$	$L(L_r)$	年份	$\Delta t(\min)$	$T(\min)$
量图	-0.12	0.03	-10.1	0.13	1979—1987 年	$3 \sim 10$	
谱分析	-0.145	0.11	-36.9	0.182	2009—2011 年		$8.5 \sim 16.0$
量图	-0.112	0.141	-53.2	0.178	2011 年 4—6 月	$3 \sim 10$	（$N = 67$）
量图	-0.114	0.150	-54.5	0.185	2011 年 4—6 月	$3 \sim 10$	（$N = 76$）

注：表中 $N = 67$、$N = 76$ 表示事件数。

67 组或 76 组数据结果与 1979—1987 年的量图结果相比，参数 $b(B_u)$、长度 $L(L_r)$ 和方位角 $\varphi(F_r)$ 都有很大变化。与 76 组数据结果相比，变化量 $\Delta L = 0.185 - 0.13 = 0.055$，$\Delta b = 0.15 - 0.03 = 0.12$，$\Delta \varphi = -54.5° - (-10.1°) = -44.4°$。$b$ 和 φ 的长期变化都是很大的，更说明 φ 的变化主要由 b 的变化引起。为了更准确而严格地考察各种周期的长期变化及变化过程，需要将磁变仪资料数字化，计算复转换函数 A、B 并求出虚、实帕金森矢量，以与 2007 年以后磁通门磁力仪的结果比较。作者认为磁变仪只要调试好了，其资料比较稳定，就不会像图 7.39 及图 7.40、图 7.41 那样有许多突跳。

由于仪器故障和环境等原因，汶川地震的结果不是很理想。其原因，一是干扰多，做出的结果有许多突跳；二是汶川地震发生前后的资料不可靠，只能用由总强度 F 和偏角 D 算出的垂直分量 Z_2。由于误差传递，计算的 Z_2 误差比较大，致使汶川地震的中短期前兆不明显。但是经过努力求出平均值，从图 7.42～7.43 还是可以看出些端倪，汶川地震和芦山地震前后还是有不明显的短期变化。更重要的是从 20 世纪 80 年代到 2009—2011 年，成都台的帕金森矢量存在长期变化：帕金森矢量的方向由原来的北北西(松潘地震的方向)变成北西西(汶川地震的方向)，预示在汶川地震的孕育过程中，龙门山断裂带的地下电性结构有很大的长期变化。

第8章　转换函数空间分布特征的数值模拟计算 *

8.1　基本原理

对地学领域电磁感应问题的数学研究,有两大类方法:解析方法(如积分方程法)、数值模拟方法(如有限差分法和有限元方法)。解析方法适于很简单形状的导体,如长方体、圆球、圆柱等。随着计算机的普及和计算速度的提高,数值模拟方法用得越来越多。数值模拟方法的好处是导体和围岩的条件可以比较复杂。在我国地磁学界,用三维有限差分法和二维有限元法已做过一些研究(中国科学院地球物理研究所第十研究室,1977;陈伯舫,1985;徐世浙和赵生凯,1985)。例如,研究感应矢量的分布特征(高文,1989;范国华 等,1992),以及研究不同源场极化对感应磁场振幅和振幅比分布特征的影响,即所谓"源场效应"(陈伯舫和冯耿云,1988)。上述工作只着重研究感应磁场的振幅或垂直场转换函数的分布特征。我们在对水平地磁场台际转换函数的研究中发现,唐山和花莲地震前水平场转换函数的变化比垂直场显著。为了探讨水平场转换函数异常变化的物理机理,试图通过数值模拟计算,研究地震感应磁效应造成的水平场转换函数在地面的分布规律,当然也顺带给出了垂直场转换函数的分布特征。

有限差分法与有限元法相比较,有限元法更适于研究复杂域的情况。有限差分法的网格只能是矩形体,而有限元法的每个单元可以是任意形状的六面体或曲面六面体。但由于三维有限元法的计算量大、繁琐。故采用有限差分法,先从简单的模型做起。

为了进行数值解法,首先要把问题离散化,把无穷多自由度的问题简化为有限多个自由度的问题,也就是把微分方程化为一组代数方程,然后进行计算。最简单的离散化方法是差分法,即布上格网,把微分方程和边界条件中的微商代以差商而得到差分方程。

在三维问题中有两种途径求解电磁感应的有关方程组:一种是求解电场的方法,即 **E** 极化方法;另一种是求解磁场的方法,为 **B** 极化法。**B** 极化是指源场 **B** 是水

---

* 本章内容用了陈伯舫、范国华的程序,由龚绍京计算和执笔,陈化然绘图。

平线性极化的,极化方向平行于 X 或 Y 轴。本书采用 $\boldsymbol{B}$ 极化方法,有关方程及原理见陈伯舫(1985)文章。该文放弃使用电导率突变界面模型,而采用电导率渐变模型。三维网格的结构和所用的符号也同该文。采用电磁单位(e. m. u.)制。采用电导率渐变模型,节点(l,m,n)处的电导率 $\sigma_{l,n,m}$ 为相邻 8 个区的 σ 的加权平均值。

按照转换函数的概念,转换函数反映线性系统固有的特性,其特征与输入、输出无关。在实际问题中由于做了近似处理,才产生了源场效应问题。做理论计算时是引用严格的转换函数概念,因而可尽量简化施感场 $\boldsymbol{B}(\boldsymbol{B}_x、\boldsymbol{B}_y、\boldsymbol{B}_z)$ 以便计算。对水平线性极化的源场 $\boldsymbol{B}$,将没有垂直分量 $\boldsymbol{B}_z$。转换函数的计算公式表达如下:

$$\begin{cases} B_{za} = A \cdot B_x + B \cdot B_y \\ B_{xa} = C \cdot B_x + G \cdot B_y \\ B_{ya} = E \cdot B_x + F \cdot B_y \end{cases} \qquad (8.1)$$

式中,下标 a 代表异常场,即感应场。由于源场 $\boldsymbol{B}$ 是线性极化而不是椭圆极化,$\boldsymbol{B}_x$ 与 $\boldsymbol{B}_y$ 之间不存在相位差。

可假设 $\boldsymbol{B}_x$ 和 $\boldsymbol{B}_y$ 只有实部而无虚部。又可假设 $\boldsymbol{B}$ 平行于 X 轴(北向),求出转换函数 A、C、E。或 $\boldsymbol{B}$ 平行于 Y 轴(东向),计算转换函数 B、G、F 的实部和虚部。可根据网格设计先算出感应场,然后由感应场和源场求出 A、B、C、G、E、F。

8.2 网格设计

设空气的电导率为 0,按前述加权平均做法,在空气和导体界面处的所有节点的 $\sigma_{l,n,m}$ 均不等于 0,所以没有发散的问题。在实际计算时,半空间不可能无穷扩展,只能要求围岩的尺度≫异常导体的尺度,水平层状介质的磁场即成为围岩的外部边界条件。所用程序采用超松弛法(SOR)(龚绍京 等,2001b)。采用非等间距,在导体边界附近的步长仅 5 千米。由于计算机速度的提高,选择迭代 600 次,一般情形下,磁场各分量实部、虚部的残差小于 4.0×10^{-6}。

设在半无穷大的空间镶嵌一导体,另一半空间充满空气。导体表面为正方形或长方形,当导体长度 $L = 50$ 千米时为正方形,当 $L > 50$ 千米时是长方形。没有特别指明时,导体的厚度为 40 千米。在 Z 方向上空气厚 150 千米,围岩厚 400 千米。当导体表面为正方形时,在 X-Y 平面上,边界内有 3 个 5 千米间隔,边界外有 2 个 5 千米间隔。在 Y-Z 平面上,Z 轴上标明 0 的地方为地表。从地表到 70 千米深处,网格的间距均为 5 千米。围岩的电导率为 2×10^{-3} S/m。导体的电导率一般为围岩的 5~30倍。每变更一次导体长度 L 都要重设计一次网格模型,设计时注意在边界内外应各有 2~3 个 5 千米间距的网格,以便考察边界处的变化。为了便于比较,对不同长度 L 的导体,围岩的线度都为 2000 千米×1000 千米×400 千米。导体的长轴平行于 X

轴（北向）。正方形和长方形导体的网格设计如图 8.1、8.2 所示,阴影部分代表导体,
导体四周的字母代表下面算出的各参数的极大、极小值点的位置。

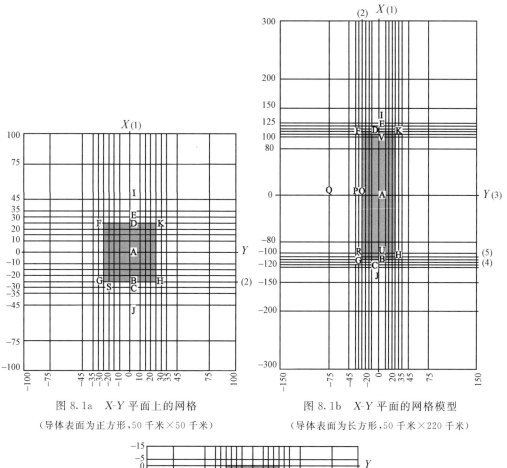

图 8.1a　X-Y 平面上的网格
（导体表面为正方形,50 千米×50 千米）

图 8.1b　X-Y 平面的网格模型
（导体表面为长方形,50 千米×220 千米）

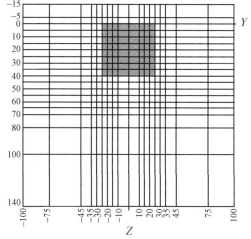

图 8.2　Y-Z 平面上的网格（导体:50 千米×40 千米）

注:围岩的边界没有画出来。

8.3 转换函数的空间分布立体图和等值线图

计算了长方形导体(50 千米×220 千米×40 千米)转换函数各参数的空间分布立体图和等值线图。设定导体电导率与围岩电导率的比值 $S_a=25.0$;导体埋深 $d=0$;施感场频率 $f=0.0083$ Hz($T=2$ 分钟)。长方形导体的设计参考吴开统(1990)对唐山地震的描述。

当施感场 **B** 平行于 X 轴且只有实部时,算出转换函数 C、E、A。图 8.3a 是 C_u 的分布立体图和等值线图。在立体图中,向上的隆起代表正值,向下的凹陷代表负值。在等值线图中,实线代表正值,虚线代表负值。可以看出,C_u 有 2 个极大值和 2 个极小值,沿 X 方向的中轴线分布。极大值在导体边缘的内侧 10 千米,极小值在外侧 20 千米。C_v 在 X 方向上有 3 个极小值,分别位于边界外 10 千米和导体中央,而且导体中央的凹陷较大。见图 8.3b。

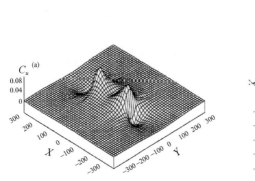
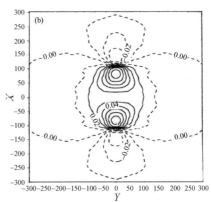

图 8.3a C_u 的空间分布立体图(a)和等值线图(b)

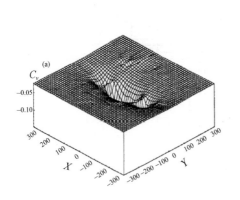
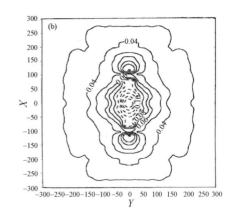

图 8.3b C_v 的空间分布立体图(a)和等值线图(b)

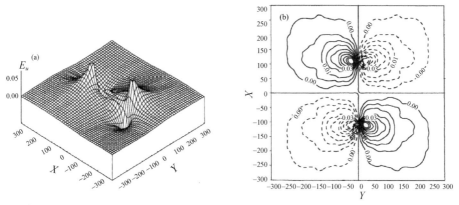

图 8.3c E_u 的空间分布立体图(a)和等值线图(b)

E_u、E_v 有 2 个极大值和 2 个极小值,分别位于导体的 4 个犄角。

A_u、A_v 沿 X 方向有 1 个极大值、1 个极小值,分别在中轴线与边界的交汇处。

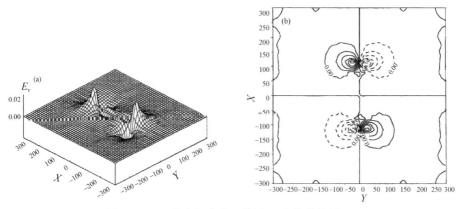

图 8.3d E_v 的空间分布立体图(a)和等值线图(b)

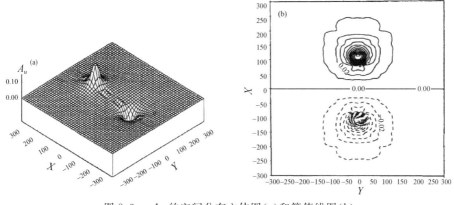

图 8.3e A_u 的空间分布立体图(a)和等值线图(b)

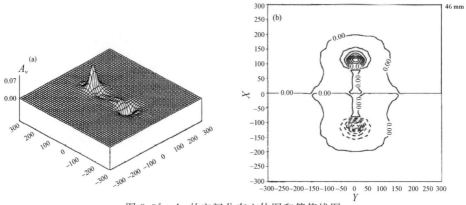

图 8.3f　A_v 的空间分布立体图和等值线图

当施感场 **B** 平行于 Y 轴且只有实部时,算出转换函数 G、F、B。G_u、G_v 在 4 个犄角附近分别有 2 个极大值和 2 个极小值,其位置沿南北方向的边界往内 5 千米。远处的极大极小幅度很小,只在等值线图上可以看出来,在立体分布图上不大能看出来。

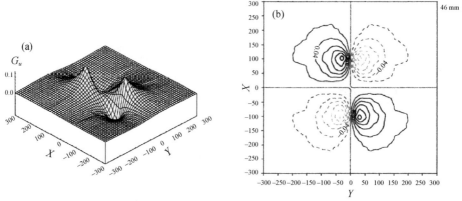

图 8.4a　G_u 的空间分布立体图和等值线图

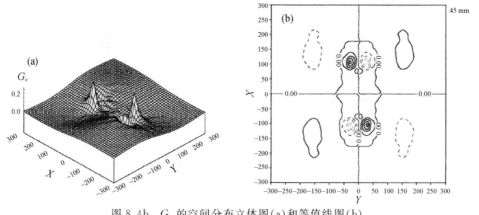

图 8.4b　G_v 的空间分布立体图(a)和等值线图(b)

F_u 沿东西方向的中轴线有 1 个极大值、2 个极小值。极大值在导体中央，极小值在边界外 50 千米。由于导体拉长，极大值的峰较宽，且沿南北方向呈 3 个小峰。F_v 只有 1 个极小值，位于导体中央，其形状也沿 X 方向呈长条形。

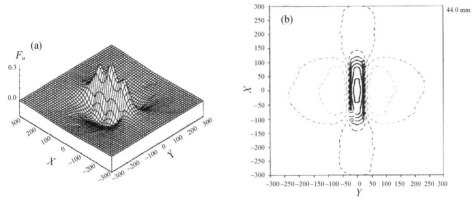

图 8.4c　F_u 的空间分布立体图(a)和等值线图(b)

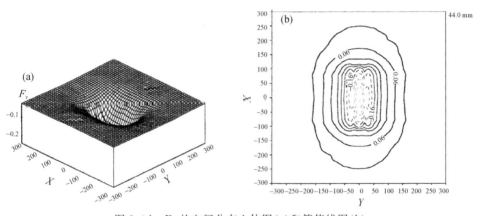

图 8.4d　F_v 的空间分布立体图(a)和等值线图(b)

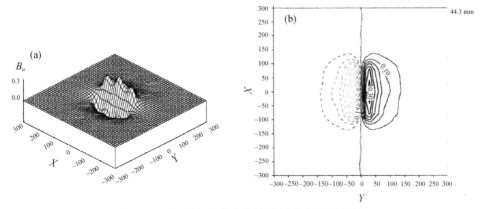

图 8.4e　B_u 的空间分布立体图(a)和等值线图(b)

B_u沿东西方向有 1 个极大值、1 个极小值,分别位于与东、西两侧边界的交汇处。B_v的情况较复杂,沿东西方向有 3 个极大值、3 个极小值。在 Y 方向中轴线边界外 50 千米处有 1 个极大值、1 个极小值。在东、西两侧边界上,往内距南、北边界30 千米处有 2 个极大值、2 个极小值。左侧为 1 个极大值、2 个极小值;右侧是 2 个极大值、1 个极小值。

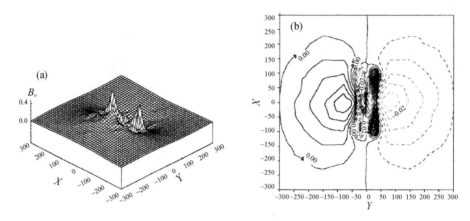

图 8.4f　B_v 的空间分布立体图(a)和等值线图(b)

8.4　剖面图

为了研究导体长度拉长时各转换函数值会发生什么变化,特计算了 L 为两种长度时转换函数的取值,并画出了剖面图。对 C、E、A 只画出了 X 方向的剖面。剖面都经过极值点,有的剖面经过导体中央,如 C_u、C_v、A_u、A_v,有的剖面通过导体的犄角,如 E_u、E_v。对 G、F、B,施感场是 Y 方向的,根据分布特点,剖面取东西方向,G_u、G_v的剖面通过犄角,F_u、F_v、B_u、B_v的剖面通过导体中央。可以看出,随着导体在 X 方向的拉长,C_u、C_v、E_u、E_v、A_u、A_v极值的位置随边界移动。而随着导体在 X 方向的加长,G_u、F_u、F_v、B_u的极值明显变大。其中 C_u、C_v 的变化有点特别,随着导体变长,C_u的极大值由 1 个变成了 2 个,即出现了极大值峰分裂的现象。而 C_v的极小值不仅随边界移动,而且中间的凹陷明显加深了很多,也就是说异常明显加大。

从图中曲线的纵向变化可以看出,随着导体的拉长,各参量的变化是不同的。幅度变化最小的是 G_v,其次是 E_u、E_v、B_v、A_v;变化最大的是 F_u、F_v、B_u、C_v,变化量达到 0.3~0.4,相当可观。随着导体拉长,C_v、F_u、F_v、G_u的极值明显变大,如果继续拉长,可能会出现比 0.3~0.4 更大的转换函数值。由图 8.6 可看出,C_u、C_v、F_u的极值点在导体外,若是另外的模型,完全可能有另外参量的极值在导体外,因而可以被观测到。因此,花莲和唐山地震的水平场转换函数出现 0.7~0.8 的异常值是完全可能的。只是从图 8.5 和图 8.6 看出，异常极值出现的位置都在导体的边界附近、四个犄角或导体中央，随着远离导体，转换函数值衰减很快，这也给怎样捕捉异常提供了参考信息。例如，昌黎台对唐山地震有很好的反映，因为它离余震区边缘很近，且靠近犄角。当然，这只是就我们设计的模型而言，换一种模型分布会不一样。所以，就理论研究而言，可做的工作还有很多。

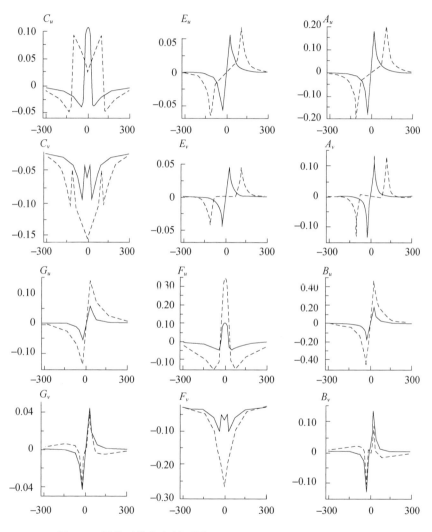

图 8.5　转换函数分布剖面图（$f = 0.0083$ Hz；$d = 0$；$S_a = 25.0$）

（实线代表 $L = 50$ 千米，虚线代表 $L = 220$ 千米；横坐标单位为千米，纵坐标是转换函数的取值）

图 8.5 表明，导体的拉长对异常的幅度和极值点的位置会有很大的影响。

为了更好地考察转换函数各参数极值点的分布特点，做了图 8.6，该图明确地表示了极值点分布的范围和位置。从图可看出，极值点都在导体附近，只 F_u 和 B_v 的极值点离导体较远。当然,导体的长度可能不只 220 千米,220 千米的长度是参考了唐山地震余震区的分布。若是汶川地震,导体可能很长,因而异常的量级和分布范围可能要大些。

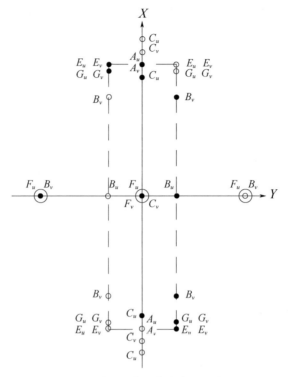

图 8.6　转换函数极值点位置示意图

(实心圆—极大,圆圈—极小。虚线代表导体边界,Y 轴上离边界 50 千米处的两个大圆代表 F_u,
是两个极小值;而 F_u 在导体中央是极大值)

8.5　转换函数极值随埋深 d、电导率比值 S_a 和周期 T 的变化

图 8.7 中的导体在 X-Y 平面上为正方形,导体的尺寸为 50 千米×50 千米×40 千米。由于正方形的对称性,d、S_a、T 三个要素对 C 和 F、E 和 G 以及 A 和 B 的影响是一样的。因此,图中只画出了 C、E、A 的实线和虚线。从图 8.7a 看出,转换函数的绝对值都随埋深增加而减小。从图 8.7b 看出,转换函数各参量的绝对值都随 S_a 的增大而加大,只是 S_a 小时变化较快。当 $S_a = 1.0$ 时,即导体不存在时,所有转换函数实部和虚部的取值都为零。也就是说,当导体的电导率与围岩一样,即导体不存在只有水平的地壳界面时,所有转换函数(A、B、C、G、E、F)的取值均为零。从图 8.7c 看出转换函数值随周期 T 变化,开始时即周期小于 5 分钟时,变化较快,周期愈大($T>15$ 分钟),变化愈慢。衰减遵从与周期的平方根呈反比的规律。

为了方便，导体的表面设计为正方形。这只是为了一般性地、定性地了解转换函数取值与三个参量变化的关系。实际情形中的导体一定不是正方形，电导率的比例也许比 25.0 要大得多，所以实际的变化肯定要比图示的要大。

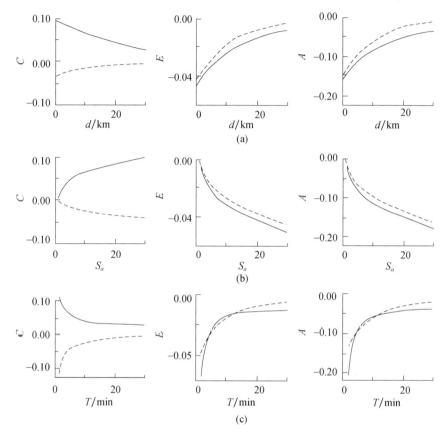

图 8.7　转换函数极值随埋深 d、电导率比值 S_a 和周期 T 的变化(实线为实部；虚线为虚部)

(a)转换函数极值随埋深 d 的变化($S_a = 25.0, f = 0.0167$ Hz($T = 1$ 分钟))；

(b)转换函数极值随 S_a 的变化($f = 0.0083$ Hz, $d = 0$)；

(c)转换函数极值随周期 T 的变化($S_a = 25.0, d = 0$)

图 8.7b 中，C、E、A 为零的地方，其横坐标并不是"0"，而是在距"0"一定距离的"1"处。表明当 $S_a = 1$ 时，即导体的电导率与围岩相同时，即不存在导体，仅只有水平状的地球介质时，垂直与水平场转换函数均为零。

8.6　讨论与结论

进行数值模拟计算的目的是要弄清楚实践中转换函数表现的时、空、强特征及机理。转换函数只反映系统(电性结构)固有的特性,与输入(施感场,即源场)和输出(感应场,即内源场)无关。因而转换函数的分布特征只与电性结构模型有关。我们的目标是用简单的电性结构模型寻求一般性的规律,而非针对某次地震进行研究。任一次地震的实际情形显然都较为复杂,显然需要用三维复杂模型。例如,导体的形状可能不规则,并且有一定的倾角、偏角,导体和围岩可能是各向异性的。不过简单模型的计算已经初步发现了一些规律:

(1)转换函数极值点分布在 3 个位置:导体中央、4 个犄角或附近、沿 X 或 Y 方向中轴线分布在边界或边界附近,而且极值点的位置随着边界变动而移动。

(2)对南北向拉长的长方形导体,转换函数 C、E、A 的分布中轴线为南北方向;G、F、B 的分布中轴线是东西方向,各参量极值的位置大体见图8.6。

(3)当导体加长时,会出现极值分裂成 2 个(或 3 个)峰的现象,随着导体加长,极值绝对值明显变大的参量有 C_v、G_u、F_u、F_v、B_u。略变大的有 E_u、A_u。E_v、A_v、C_u 变化不明显。略变小的参量是 G_v、B_v。

(4)周期加大,所有转换函数的绝对值变小;电导率增加,转换函数的绝对值变大;埋深减小,转换函数的绝对值加大,当埋深趋近于 0 时,变化加速。

就地震感应磁效应的数值研究而言,对水平场转换函数各参量的分布特征做的初步计算是有意义的,它表明:①孕震区边界附近是最佳观测位置,而昌黎台正好处在唐山地震余震区的边缘附近(龚绍京 等,1986),正是最佳观测位置,这是昌黎台能很好反映出水平场转换函数异常的根本原因。②我们认为,初步得到的分布规律可以帮助考虑重点监视区台站的布局,可以设定台站间距为强震的孕震—膨胀区尺度的 1.0～1.5 倍;这一特点也有助于帮助我们判断未来地震的大体位置。③转换函数极值衰减很快,因而突出的异常可能持续时间不长。C_v、F_v 只是负值,这与实际情况吻合。④孕震区的形成有一个过程,甚至是几年。随着孕震区的形成与扩展,极值点的位置也是变动的,因此对一个固定的台站而言,既可观测到中长期前兆,也可观测到短期前兆。⑤从计算结果看,转换函数出现异常的范围是不大的。对 X-Y 平面上导体为 50 千米×220 千米的模型,转换函数极值出现的最大距离是导体边界外 20千米和 50 千米。因此,考虑异常和地震的对应关系时,不应很远都能对应。

第 9 章 后 记

9.1 对少数有兴趣文章的分析

2020 年我曾查阅了部分国内外文献,试图了解在该领域的最新进展。我查阅了《世界地震译丛》和《国际地震动态》最近 10 年的目录并下载了地磁方面的文章。还查阅了 *J. Geomag. Geoelectr* 在 1980—1997 年发表的相关文献,以及 *Earth, Planets and Space* 期刊中在 2011—2020 年发表的相关文献。当然也陆续通过追索参考文献的办法查到了一些文章。由于疫情和时间的限制,了解的还是很少,总的印象是关于地磁绝对测量方面的文章比较多。可惜查到的国外地磁转换函数或帕金森矢量(感应矢量)方面的文章虽有一些但却不算多。国内有一些转换函数的文章,但我认为大多做得不够到位,不想多做评论。所谓到位,就如跳舞和做操,不到位,跳出来的舞会不好看;不到位,达不到做操的锻炼效果。这里只就少数较有兴趣的文章谈谈自己粗浅的看法。其中值得提出的是王桥、黄清华 2016 年发表于《地球物理学报》的文章。

9.1.1 华北地磁感应矢量时空特征分析

这篇文章最重要的贡献是再次论证了进行 Robust(稳健)估计的必要性。王桥等(2016)在数据中加入了 5% 的高斯白噪声,并将 3 种方法进行了对比:Robust 方法、最小二乘法、加权最小二乘法,结果如图 9.1 所示(参见文后彩插)。从结果看出:Robust 方法最好,如图中的黑虚线。简单的最小二乘法和加权最小二乘法的效果都不那么好,涨落大。

图 9.1a 和 9.1b 的结果有很大差别,其实很容易理解。因为 $A_z(A_u)$ 是垂直场转换函数,主要受垂直分量变动的影响。而垂直分量 Z 本身比较小,在 Z 中加入白噪声后必然对结果影响比较大。而在水平分量 H 和 D 中加入白噪声,由于水平分量比较大,影响相对而言就比较小。

我认为这篇文章有两个不足之处。第一是某些基本概念的表述模糊、不够准确。例如"地球表面观测到地磁日变垂直分量不为零的现象需要考虑层状地球电导模型中存在的横向电性不均匀体"。地磁日变的垂直分量不为零是很正常的。日变化的内源场大约占记录到的总磁场的 30% 多。因此 Z 的日变化必然不为零。只有当地磁短周期变化的垂直分量不为零时,才需要考虑地壳和上地幔地电性结构的横

151

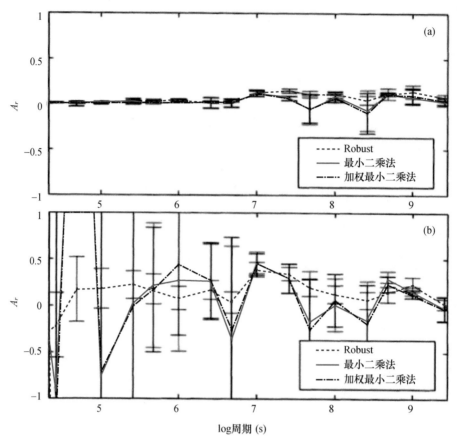

图 9.1 地磁转换函数不同算法之间稳定性对比(见彩图)

(a)只在水平分量中加入 5% 高斯白噪声的 $A_r(A_u)$ 结果;

(b)只在垂直分量中加入 5% 高斯白噪声的 A_r 结果

向不均匀性。另外,日变幅逐日比、加卸载响应比和地磁低点位移与地磁转换函数并不是同一个原理。文中还有一段话:"感应矢量一般平行于异常导体的边界"。否,应该是帕金森矢量和感应矢量都垂直于导体边界的走向,而不是平行,一般导体的走向与边界的走向是一致的。第二是对资料的处理没有做必要的,或者较详细的介绍和说明。而资料的处理事关对结果的理解和可靠性的评估,是论文中很重要的部分。例如文中提到加入 5% 的高斯白噪声,这是一种相对的表述法,究竟相对何者,没有说明。

该文作者提到"去掉其长期背景成分"。从该文的图 7 看,确实存在年变化(即季节变化),但同时也可看出,每个台和每年的季节变化是不同的。因此,长期背景是如何去掉的?这种"去掉"是否合理?只有知道详细的处理过程才能判断结论是否可靠。

此外,本文使用的 13 个台站不能都算在华北地区,例如武汉是属于华中地区,兰州、天水是属于西北地区。

9.1.2 地磁低点位移与地磁场等效电流体系关系的初步研究

该文(陈化然 等,2009)于 2009 年 1 月发表在《地震学报》上。其摘要如下:"利用地磁内外源场分离的方法,反演得到了 1997 年 11 月 8 日玛尼地震和 1998 年 1 月 10 日张北地震前地下和空间等效电流体系的演化图像,并分析研究了地磁低点位移出现前后等效电流体系变化特征。结果表明,内、外场等效电流体系的变化与地震'低点位移'异常现象有着内在的联系,等效电流体系变化可能是地磁低点位移异常现象产生的原因之一。随着我国地磁台站的加密建设,势必可以得到更为精确的地磁场等效电流体系的演化特征,更有利于地震预测的研究。"

该文用地面记录的地磁资料,分离内外源场,并画出了"低点位移"前后数日的等效电流体系。作者的工作有新意,对研究高空电流体系有意义。说明这样的"低点位移"应该对应这样的内外源场和等效电流体系。这里有一个逻辑推理问题。因为是由地面资料反演,反推的结果必然与地面现象吻合(这就是作者说的"内在联系"?)。没有实际资料证明确有如此的电流体系,而且引起高空等效电流体系演变的原因是来自外部(如日地间的物理过程)还是地球内部,却是未知也没有说明。作者说从机理上解释了"低点位移"现象的物理本质,有点勉强。分析推理和结论有点因果互换。而对低点位移与地震发生有关系的说法,也显乏力和依据不足。

9.1.3 对当前预报方法的一点粗浅看法

目前在地震系统与转换函数能有点关系的地磁方法也就是谐波振幅比。这相当于本书中提到的比值。只是本书已经说明,帕金森矢量比 $\Delta Z/\Delta H$、$\Delta Z/\Delta D$ 比值优越,因为它不仅可以提供与比值对应的 a、b 值,还可以提供帕金森矢量方向和长度的变化。而水平场复转换函数又比 $\Delta H_i/\Delta H_j$、$\Delta D_i/\Delta D_j$ 优越。水平场转换函数有 8 个参量,描述了 2 个台站水平分量 H、D 的幅度和相位关系,而 $\Delta H_i/\Delta H_j$、$\Delta D_i/\Delta D_j$ 没有相位和周期的概念。

与地震的对应关系,衡量异常的标准,报对率和漏报率的统计,需要客观、严格,有科学依据,不能任意变动。这需要研究一个更为科学的判断办法。见表 9.1。

表 9.1 大陆地区地磁加卸载响应比异常预测统计结果

(引自内部资料《电磁学科地震预报方法实用手册》,2020 年 4 月版第 79~80 页)

序号	震级范围	异常总数	应报地震	有震异常	异常报对率	报对地震	地震漏报率
1	$M \geqslant 4.6$	35	71	23	65.7%	23	67.6%

这里对异常的判据是:①发震时间:异常出现后 9 个月,优势发震时间 6 个月;②发震地点:300 千米范围内;③发震强度:4.6 级以上地震。大约符合这个范围和条

件的,就算异常对应上了地震。

看来,在规定的震级不大的情况下,只要时间和距离的范围愈大,则必然异常报对率和地震漏报率就会愈大。显然这种衡量预报效果的方法和判据还需要改进。

9.2 几个需要重点关注和讨论的问题

9.2.1 关于信噪比的问题

检测地震异常,最关键的是提高信噪比。因为地震前兆异常量并不大,有时还持续时间不长。随着国家经济社会的发展,干扰的问题愈来愈严重。要从各种较强的干扰背景中提取有用的地震前兆信息,需要从仪器性能(包括管理和环境条件)和资料处理两方面下功夫。从唐山地震的例子中可以看出,四个人采样和一个人采样的误差不一样,因而能识别的异常也不一样。如图 7.13、7.14 和图 7.15、7.16 所示,它们的纵坐标是完全不同的。图 7.13 和图 7.15 是一个人采样的结果,无论是垂直场转换函数还是水平场转换函数都显示出中长期前兆。而图 7.14 和图 7.16 是四个人采样的结果,由于误差较大,纵坐标的标尺也选得较大,中长期前兆均不明显。只是由于 1975—1976 年加密了资料点,图 7.16 和图 7.17 显示出了明显的短期前兆,且这个前兆在 25.5 年间仅此一次。可见资料处理的重要性。由于台站观测和资料处理是重复性的、繁琐的工作,往往使许多人重视不足甚至不愿意下功夫。

有几个因素会影响信噪比。①仪器的稳定性和电子仪器本身的噪声。②环境的干扰。对短周期变化参数而言,长期的、缓慢的、直流电造成的变化不是主要的因素,可以避免和识别。流散电流等短暂的干扰(包括电子仪器的噪声)有时是难以避免和识别的。这从汶川地震的震例可以看出(见图 7.40、7.41)。从西昌和重庆台的 A_u 结果可以看出,到了后期涨落明显比前期大,说明后期仪器的状态和环境都比以前差。而成都台却不是这样的,这三个台同时挑选事件,事件的形态和起止时间都相同,说明三个台图形(图 7.39、图 7.40、图 7.41)的差别不是由于事件挑选造成。③从事件的选取过程中避免干扰和尽量提高信噪比。事件选取时可以避开地铁运行的白天时段。图 9.2 表明,在日变化期间也叠加了短周期变化(该图表明昭觉和通海之间肯定有个电性结构的异常区,出现这种情况与图 2.2 和图 2.4 中的情况是一样的道理)。如果选取这个事件,则需要将日变化的周期成分滤掉。但难度相当大,很难全部去掉白天的干扰。所以一般选下午和夜间的事件。选取事件时,一方面要干扰小,另一方面要信号大,所以要选有明显扰动的事件。我不赞成为了自动化处理,一律选子夜时段的做法,而主张一定要挑选有信号的时段。从参考文献看,Beamish (1982)和 Rikitake(1979)等都是对事件进行挑选了的。④从计算方法上减小误差,提高信噪比。作者的大多数文章都做了误差统计和分析,也通过试验引进了 Robust(稳健)估计方法。事实表明 Robust 估计方法比单纯的最小二乘法和加权最小二乘法的效果要好。当然,原始资料的质量才是对信噪比的提高起决定性作用的因素。

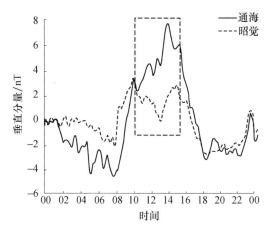

图 9.2　2008 年 2 月 5 日昭觉和通海台垂直分量的日变化

(引自内部资料《电磁学科地震预报方法实用手册》2020 版)

9.2.2　关于穿透深度问题的讨论和可以进一步做的工作

转换函数是　种频率响应函数,它能给出转换函数值随周期的变化,却不能具体给出某个周期对应的穿透深度。对不同地区,同一周期对应的穿透深度也会不同,只能用电磁测深才能算出该地区周期与深度的关系。但即使是测深算出来的深度与实际情况也还会有些差别。在物探中,有井下测深,但最后矿藏的埋深和储量等情况,都只能用打探井来证实和最后确定。

研究地下电性结构时,仅有转换函数和帕金森矢量资料显然是不够的,必须与电磁测深相结合,才能有较满意的成果。这方面还有大量的工作可做。例如,拉萨台的周期响应曲线表明,不同周期帕金森矢量的方向不同,甚至反向,如果配合测深,可以仔细研究三维的电性结构图像。又例如,在四川、云南和京津冀地区有较密的台网,可以研究小区域的电性结构。

但对探寻地震异常而言,转换函数和帕金森矢量却是完全够用的。因为是利用地磁短周期变化资料,其穿透深度在地壳和上地幔范围,正好是地震孕育的深度。对地震异常而言,没必要细究具体的深度,只要在几十秒至 100 分钟的周期范围就可以了。因此,地磁转换函数和帕金森矢量可以作为日常的检测手段。只是我们编制的程序还没有与现在分析预报部门常用的计算机语言链接,使用不大方便,不利于推广使用。因此进一步开发链接软件是当务之急。

我们只进行了最简单的数值模拟计算，今后可根据震源区的具体情况，设计较复杂的导体形状和围岩情况进行计算，从而进一步探讨转换函数分布规律的特征。

地磁转换函数和帕金森矢量只是地球电磁感应领域中很小的一个分支，而且即使在这个分支中，我们的重点也只是围绕探寻地震异常。我常常感慨还有许多工作可做，我却已经没有精力了。例如，进一步考察研究在当前干扰增加和电子仪器噪声较大的观测条件下，如何避免、排除干扰？如何充分利用"既可用垂直分量，又可利用水平分量；既可利用分钟数据，又可利用秒数据"的特点取得较好效果？即研究考察在现有条件下如何充分发挥转换函数的特点和灵活性，以及考察最后能取得怎样的成果。另外，由于振幅差异和巨相移现象的启发，我也想过可以做相关函数和相干函数。甚至直接计算两个台站一天当中 Z、H、D 差值的均方差 SS。当然，三个分量都要先零均值化，或者直接对比水平分量两台站间振幅和相位的关系（见 7.5 节）。总之，只要深入了解这一科学分支的原理和使用的数学方法，可深入做的工作还很多。这本书的意义只是起一个正本清源、抛砖引玉的作用。

9.3 小结——地震异常与地震预报三要素

本书涉及的地磁短周期变化参量有：$\Delta Z/\Delta H$、$\Delta Z/\Delta D$ 均值；帕金森矢量系数 a、b 和帕金森矢量方位角 φ 和长度 L；垂直场转换函数 A、B 和水平场转换函数 C、G、E、F 的实部和虚部，以及实、虚帕金森矢量。

本书涉及的资料处理方法有：①磁照图上量图的方法，量取 ΔZ、ΔH、ΔD，用相应的 Basic 程序计算 $\Delta Z/\Delta H$、$\Delta Z/\Delta D$ 均值、a、b 和 φ、L；②磁照图上采样，谱分析后用复数最小二乘法和 Robust 估计公式，采用 Fortran 程序算出 A、B 和 C、G、E、F 的实部和虚部及其误差，③数字记录资料，用 Matlab 程序在计算机上挑选事件并完成上面的计算。

本书叙述了国内外的不少震例，能否总结出一点规律？为此将本书涉及的例子总结见表 9.2。表中的震中距是指台站到震中的距离，φ 是成都台帕金森矢量的方位角。发震时间是指开始出现异常到地震发生的时间。如果异常持续时间比发震时间长，说明异常未结束就发震了，如唐山、关东、菏泽、松潘、花莲等例子。如果发震时间比异常持续时间长或相等，说明异常结束或结束后才发震，如塔什干、锡特卡和小金地震的例子。从表 9.2 看出，异常对应地震的范围是很小的。唐山 7.8 级地震时，距震中 170 千米的白家疃台无异常。河源 6.2 级地震时，距震中 140 千米的广州台无异常。阿斯哈巴德 6.6 级地震时，距震中 300 千米的阿斯哈巴德台无异常。只有成都台是例外，它反映整个龙门山断裂带的活动，因此对相距 180 千米的松潘平武震群和相距 150 千米的小金地震才有反映。故，前面表 9.1 提到的加卸载响应比等方法，在统计异常与地震（$M_L \geqslant 4.6$）的对应关系时所列出的 300 千米的对应范围，是否太宽？

至于发震时间,从表9.2似乎看不出什么规律。但震级似乎与异常的持续时间和异常所在的周期有关。持续时间愈长,异常所在的周期愈大,震级也愈大。目前还不能总结出定量的关系。

表 9.2　地震异常量级、异常周期和持续时间与震级、震中距等的关系

地震	震级	台站	震中距	参数	异常大小	异常性质	最大周期	次大周期	发震时间	异常持续
关东	8.1	柿岗	100 km	a	0.15～0.2	长期	急始类		十几年	30 年
				b	0.2～0.25				最低点	
塔什干	5.5	塔什干	30 km	c	0.15～0.2	中短期	急始类		2 年	2 年
阿斯哈巴德	6.6	阿斯哈巴德	300 km		无	无				
锡特卡	7.2	锡特卡	40 km	a	0.1～0.11	中短期	急始类		1 年多	1 年
河源	6.2	广州	140 km		无	无				
松潘	7.2	成都	180 km	a	0.03	中期	前沿 2～20 min		0.5 年	2 年多
小金	6.6	成都	150 km	a	0.03	中短期			9 个月	9 个月
				b	0.05					
菏泽	5.9	菏泽	15 km	a	0.015	中期	前沿 2～20 min		2 个月	1 年
				A_u	0.04		4.0～9.8 min	10.6～18.3min		
宁河	4.7	宁河	15 km	A_u	0.2	短期	2.3～3.0 min	3.9～5.4min	1 个月	1.5 个月
	3.1		12 km	A_u	0.2	短期	同上	同上	1 个月	1 个月
卡莱尔	5.0	ESK－YOU	35 km	C_u	0.6	短期	50～70 s	150～250 s	4 个月	
				F_u	0.8		50～70 s	150～250 s	同上	大于 4 个月
花莲	7.6	仑坪	110 km	A_u	0.1～0.13	中长期	27.4 min	19.9 min	2.5 年	3 年
		仑坪－泉州		C_v	0.4		25.0 min	32.0 min	1.5 年	2.5 年
				F_v	0.5～0.6		同上			
唐山	7.8	昌黎	70 km	$\Delta Z/\Delta H$	0.05	中长期	前沿 7～10 min	前沿 4～6 min	2.5 年	5 年
		昌黎		a	0.056		同上			
				I	2.7°					
				A_u	0.14		16.9 min	22.7 min		
				A_v	0.08		同上		同上	
		青光	110 km	a	0.015					
		白家疃	170 km		无	无				
		昌黎－白家疃		C_u	0.2～0.3	中长期	32.0 min	24.4 min	2.5 年	5.5 年
				C_v	0.5～0.6	中长期	32.0 min	24.4 min	2.5 年	6 年
				F_v	0.7～0.8		24.4 min	32.0 min	同上	
				C_u	1.5	短期	32.0 min	27.4 min	4 个月	3 个月
				C_v	1.2	短期	32.0 min	27.4 min	4 个月	2 个月
				F_u	0.9	短期	22.7 min	27.4 min	同上	
				F_v	1.2	中短期	27.4 min	32.0 min	10 个月	1 年
汶川	8.0	成都	40 km	φ	约 40°	长期				约 30 年
				b	0.11～0.12	长期				

9.4 新编复转换函数程序简介

本套新编程序于 2019 年 7 月由龚绍京、刘双庆、张明东完成并进行了著作权申请。MainSelectData 为采集数据主程序。如图 9.3 所示，OpenFILE 为打开某天 1～3 个台站的数据文件、读取数据、显示图形、挑选事件子程序。最多可以连续挑选三个事件。这天的事件挑选完后可以接着打开下一天的数据文件，继续挑选。ModiFILE 为出现缺数或短时间干扰时内插补数子程序。SaveFILE 剪裁所挑选事件形成数据文件，按一定规格和顺序存储于相应的文件夹 inp，inp1，inp2 中。inp 存储单台垂直场转换函数数据。台际水平场转换函数的数据存储于 inp1 和 inp2 文件夹中，分别对应参考台 1 和参考台 2 形成的异常场和正常场数据。

Magnetic_main 为计算垂直场转换函数程序包的主程序。可算出 A_u、A_v、B_u、B_v 及其误差，以及对应的帕金森矢量方位角 F_v 和长度 L。在该主程序中需要设定：采样间隔、样本长度、滤波方式及滤波的截止频率、周期段的划分、从设计的三种方式中选一种来挑选周期段中取值最大的脚标所对应的频谱成分。iter_main1～3、iter_main5 为复数最小二乘和 Robust 迭代子程序，为计算某一周期段 A_u、A_v、B_u、B_v 及其误差的程序。

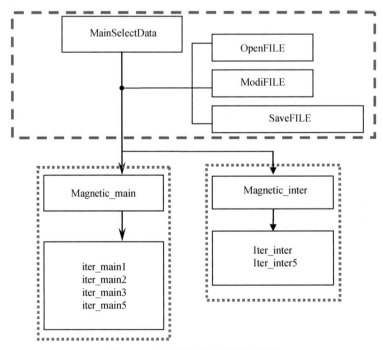

图 9.3 计算复转换函数程序框图

Magnetic_inter 为计算水平场转换函数程序包的主程序。如做参考台 1 的水平场转换函数,则打开数据文件夹 inp1。做参考台 2 则打开 inp2。点文件夹中任一文件,自动先利用 D 分量差值并计算相应的水平场转换函数,算完后回车,再利用 H 分量差值。当用 D 分量差值时可算出 G_u、G_v、F_u、F_v 及误差,并显示周期响应曲线;当用 H 分量差值时,可算出 C_u、C_v、E_u、E_v 及误差等。该程序需要做上述单台转换函数同样的设定。Iter_inter 和 Iter_inter5 为水平场转换函数计算与迭代的子程序。

9.5　致谢

从 2019 年打算写本书至今,陆续花了 2 年多时间。大部分内容是过去已发表的文章,或是已收集的资料。但有些内容却是新的:有的过去做了工作却没有发表,如关于"巨相移",如 2 次国际会议宣讲的内容;有些内容过去发表时,限于篇幅没有现在书中表述这么充分,如数值模拟计算的结果。有少量内容是新收集的。因此,本书比过去发表的文章内容更丰富、详实,叙述也比较系统。为了写本书,我找出了过去积累的资料,许多图都重新扫描和绘制。

我的工作一直得到天津市地震局历届领导的支持,也得到历次参加我课题同志的支持和帮助,这些在参考文献和书中都有体现。天津市地震局前局长尹伯忠、尹集刚、李振海、聂永安,现任局长李广辉、李成日、郭彦徽都给予关心和支持。崔晓峰处长帮助我联系评审,多次向领导汇报并与我联系。原国家地震局陈章立局长为本书写序,同时他和钱家栋研究员、周锦屏[*]高工提出评审意见。钱家栋研究员和北京大学蒋邦本教授对本书提出宝贵意见。天津市地震局年轻同志张明东、刘双庆、刘建波在本书撰写初期曾帮助查找文献。张明东一直以来都联系较多,对我很是照顾。

本书既是我个人近 30 年来工作和经验的总结,也是天津市地震局的集体工作成果。为此,作者谨向以上领导和同志们表示最诚挚的谢意!

鉴于水平和精力有限,疏漏、不妥之处在所难免。我企盼有后来者青出于蓝胜于蓝,更欢迎争鸣和批评指正。

2021 年 10 月

---

[*]　周锦屏:1993 年获国际地磁和空间物理协会(IAGA)颁发的"长期服务"奖。该奖于 1989 年设立,每两年评定一次。1993 年该奖由中国的周锦屏和德国的沃特·桑德获得。

参考文献

陈伯舫,1974. 渤海西岸的电导率异常[J]. 地球物理学报,17(3):169-172.

陈伯舫,1985. 三维模型电磁感应的数值解法[J]. 地球物理学报,28(3):268-281.

陈伯舫,1992. Sompi 谱分析和深地磁测深[J]. 地震学报,14(4):511-514.

陈伯舫,1998. 关岛 8.1 级大震和地磁转换函数时间变化的关系[J]. 地震学报,20(2):217-219.

陈伯舫.2003. 日本鹿屋台地磁转换函数的变化[J]. 华南地震,23(1):8-12.

陈伯舫,冯戬云,1988. 转换函数和磁场振幅比的水平源场效应的数值计算研究[J]. 地震学报,10 (2):192-205.

陈化然,杜爱民,王亚丽,等,2009. 地磁低点位移与地磁场等效电流体系关系的初步研究[J]. 地震学报,31(1):59-67.

邓起东,张培震,冉勇康,等,2002. 中国活动构造的基本特征[J]. 中国科学(D 辑),32(12):1020-1030.

丁鉴海,卢振业,黄雪香,1994. 地震地磁学[M]. 北京:地震出版社.

丁鉴海,卢振业,余素荣,2011. 地震地磁学概论[M]. 合肥:中国科学技术大学出版社.

范国华,颐左文,姚同起,等,1992. 云南地磁短周期变化异常及地下电导率结构[J]. 地震学报,14 (2):202-210.

高文,1989. 三维大地电磁感应参量研究[J]. 地震学报,11(4):373-380.

龚绍京,1983. 青光地震台地磁短周期事件的时间序列分析[J]. 地震(1):6-10.

龚绍京,1985. 短周期地磁变化量时间变化的几个震例[J]. 国际地震动态(9):17-19.

龚绍京,1986. 地磁短周期变化与地震[J]. 国际地震动态(增刊)文集之三——国际震磁研究:55-61.

龚绍京,1987. 广东省地磁台的帕金森矢量及广州地震台的系数在河源地震前后的时间变化[J]. 地震研究,10(6):575-582.

龚绍京,吴占峰,蒋邦本,1984. 地磁场瞬时扰动 $\Delta Z/\Delta H$ 的异常变化[J]. 地震科学研究(5):48-51.

龚绍京,吴占峰,1986. 唐山地震可能伴随的地电导率变化[J]. 地震学报,8(1):28-36.

龚绍京,等,1989a. 帕金森矢量、转换函数及地下电性结构[J]. 地震学刊,No.1

龚绍京,王伯维,于彬,1989b. 松潘地震前后地磁转换函数的变化[A]//松潘地震预报学术讨论会文集[M]. 北京:地震出版社:95-98.

龚绍京,杨桂君,田山,等,1991. 菏泽 5.9 级地震前后菏泽台转换函数随时间变化的研究——兼与王锜同志商榷[J],地震学报,13(1):113-120.

龚绍京,陈化然,张翠芬,等,1997. 地磁水平场转换函数在唐山地震前的异常反应[J]. 地震学报,

19(1):51-58.

龚绍京,陈化然,李文栋,等,1998. 数字记录地磁脉动仪资料在地震预报中的应用前景[J]. 地震,18:39-44.

龚绍京,田真丽,戚成柱,等,2001a. 地磁水平场转换函数的短期前兆[J]. 地震学报,23(3):280-288.

龚绍京,陈化然,2001b. 水平场转换函数空间分布特征的数值模拟[J]. 地震学报,23(6):637-644.

龚绍京,刘双庆,2012. 汶川 M8.0 地震前帕金森矢量的变化[C]. 王子昌先生诞辰百年纪念文集:45-51.

龚绍京,马骥,刘双庆,等,2012. 对《转换函数与汶川大地震关系的初步研究》一文的分析[J]. 国际地震动态(8):20-25.

龚绍京,刘双庆,张明东,2015. 2007 年 5 月—2013 年 12 月成都、西昌、重庆地震台地磁转换函数的时间变化[J]. 地震学报,23(1):144-159.

龚绍京,刘双庆,梁明剑,2017. 中国大陆地区地磁帕金森矢量特征及其与主要构造之关系[J]. 地震学报,39(1):47-63.

林美,龚绍京,1991. 广州地震台转换函数的长期变化和季节变化[J]. 地震学报,13(4):480-488.

林云芳,曾小苹,续春荣,等,1999. 地磁方法在地震预报中的应用[J]. 地震地磁观察与研究,20(6):35-44.

刘国栋,顾群,史书林,等,1983. 京津唐渤和周围地区地壳上地幔电性结构及其与地震活动性[J]. 地球物理学报,26(2):149-157.

卢振恒,龚绍京,1987. 地磁短周期变化译文集[J]. 国外地震科技情报,增刊

茂木清夫(Moqi),1981. 一般三轴压缩下岩石的流动和破裂[J]. 应用数学和力学,2(6):585-597.

梅世蓉,1993. 地震科学研究论文选集[M]. 北京:地震出版社,129.

钮兰 D E,1980. 随机振动与谱分析概论[M]. 方同,等,译. 北京:机械工业出版社.

祁贵仲,1978. "膨胀"磁效应[J]. 地球物理学报,21(1):18-33.

祁贵仲,詹志佳,侯作中,等,1981. 渤海地区地磁短周期变化异常、上地幔高导层的分布及其与唐山地震的关系[J]. 中国科学,7:869-879.

滕吉文,曾融生,闫雅芬,等,2002. 东亚大陆及海域 Moho 界面深度分布和基本构造格局[J]. 中国科学(D 辑),32(2):89-100.

田山,于彬,李文栋,等,1991. 天津及邻区的地磁短周期变化与地下深部的电性结构[J]. 华北地震科学,9(4):39-43.

吴开统,1990. 地震序列概论[M]. 北京:北京大学出版社,149.

吴贤铭,Pandit S M,1979. 时间序列和系统分析、建模和应用[M]. 北京:北京工学院出版社.

王雅灵,王安滨,阎晓梅,等,1999. 水头梯度变差值演化图象及强地震危险区预测方法研究[J]. 华北地震科学,17(4):7-15.

王桥,黄清华,2016. 华北地磁感应矢量时空特征分析[J]. 地球物理学报,59(1):215-228.

徐世浙,1979. 关于压磁效应和膨胀磁效应[J]. 地震学报,1(1):76-81.

徐世浙,赵生凯,1985. 二维各向异性地电断面大地电磁场的有限元法解法[J]. 地震学报,7(1):

80-89.

袁宝珠，陈化然，张素琴，等，2009. 地磁转换函数与汶川大地震关系的初步研究[J]. 国际地震动态(7):69-75.

曾小苹，林云芳，1995. 地磁短周期变化异常对中国中强地震的响应[J]. 地震，1:29-36.

赵凯华、陈熙谋，2002. 电磁学[M]. 北京:高等教育出版社.

中国科学院地球物理研究所第十研究室第二组，1977. 地震的感应磁效应(一)[J]. 地球物理学报，20(1):70-80.

中国科学院数学研究所数理统计组，1973. 常用数理统计方法[M]. 北京:科学出版社.

中国科学院数学研究所数理统计组，1974. 回归分析方法[M]. 北京:科学出版社.

中国科学院计算中心概率统计组，1979. 概率统计计算[M]. 北京:科学出版社.

ASAKAWA E，UTADA H，YUKUTAKE T，1988. Application of Sompi spectral analysis to the estimation of the geomagnetic transfer function[J]. J Geomag Geoelectr，40:447-463.

BAILEY R C，EDWARDS R N，1976. The effect of source field polarization on Geomgnetic variation anomalies in the British Isles[J]. Geophys J R Astr Soc，45:97-104.

BANKS R J，1975. Complex demodulation of geomagnetic data and the estimation of transfer functions[J]. Geophys J R Astr Soc，43:87-101.

BATER M，1978. 地球物理学中的谱分析[M]. 郑治真，等，译. 朱传镇，校. 北京:地震出版社.

BEAMISH D，1982. A geomagnetic precursor to the 1979 Carlisle earthquake[J]. Geophys J R astr Soc，68:531-543.

BRACE W F，WALSH J B，FRANCOS W T，1968. Permeability of granite under high pressure[J]. Journal of Geophysical Research. 73:2225-2236.

CHAPMAN S，BARTELS J，1940. Geomagnetism[M]. Oxford:Clarendon Press.

CHEN P F，1981. A search for correlations between time change in transfer functions and seismic activity in north Taiwan[J]. J Geomag Geoelectr，33:635-643.

CHEN P F，FUNG P C W，1993. Time changes in geomagnetic transfer functions at Lunping before and after the 1986 Hualian earthquake(Ms＝7. 6)[J]. J. Geornag Geoelectr，45:251-259.

EGBERT G D，BOOKER J R，1986. Robust estimation of geomagnetic transfer functions[J]. Geophys J R Astron Soc，87:173-194.

EVERETT J E，HYNDMAN R D，1967. Geomagnetic variations and electrical conductivity structures in South-Western Australia[J]. Phys Earth Planet Inter，1:24-34.

GONG S J，1985. Anomalous changes in transfer functions and the 1976 Tangshan Earthquake (Ms ＝7. 8) [J]. J Geomag Geoelectr，37:503-508.

GONG S J，CHEN P F，YANG G J，1991. Research on the Time Changes of Inter-station Transfer Functions for the Horizontal Geomagnetic Field and their Relationship with the Hualian 7. 6 Earthquake in Taiwan Region[C]. International Conference of Seismicity in Eastern Asia，Hong Kong.

GONG S J，ZHANG C F，YANG G J，CHEN H R，1993. Interesting and meaningful geomagnetic precursor phenomena related to Earthquake[C]. 1993 Joint Conference of Seismology East Asia, Japan Tottori.

HONKURA Y,1979. Observations of short period geomagnetic variations at Nakaizu(2):Changes in transfer functions associate with Izu-Oshima-Kin-Kai earthquake of 1978[J]. Bull Earthq Res Inst Univ Tkyo,54:477-490.

HONKURA Y,1980. Time-dependence of electromagnetic transfer functions and their associstion with tectonic acitivity[J]. Geophysical Surveys,4(1-2):97-114.

HUBER P J,1981. Robust Statistics[M]. New York:John Wiley & Sons.

KERTZ W,1964. The conductivity anomaly in the Upper Mantle Found in Eurpe[J]. J Geomag Geoelectr,15:185-192.

LILLEY F E M,BENNETT D I,1972. An array experiment with magnetic variometers near the coasts of South-east Australia[J]. Geophys J R Astr Soc,29:49-64.

MIYAKOSHI J,1975. Secular variation of Parkinson vectors in a seismically active region of Middle Asia[J]. J Fac General Education,Tottori Univ,8:209-218.

MOQI K,1971. Fracture and flow of rocks under high triaxial compression[J]. J Geophys Res,76:1255-1269.

MOQI K,1972. Fracture and Flow of Rocks[J]. Tectonophysics,13(1-4):541-568.

PARKINSON W D,1959. Direction of geomagnetic fluctuations[J]. Geophys J R Astr Soc,2(1):1-14.

PARKINSON W D,1062. The influence of continents and oceans on geomagnetic variations[J]. Geophys J R Astr Soc,6(4):441-449.

PRICE A T,1962. The theory of magneto-telluric methods when the source field is considered[J]. J Geophys Res,67:1907-1918.

RIKITAKE T,1961. The effect of the ocean on rapid geomagnetic changes[J]. Geophys J R Astr Soc,5(1):1-15.

RIKITAKE T,1976. Crustal dilatancy and geomagnetic variations of short period[J]. J Geomag Geoelectr,28:145-156.

RIKITAKE T,1979. Changes in the direction of magnetic vector of short-period geomagnetic variations before the 1972 Sitka,Alaska,Earthquaka[J]. J Geomag Geoelectr,31(4):441-448.

RIKITAKE T,YOKOYAMA I,1953. Anomalous relations between H and Z components of transient geomagnetic variations[J]. J Geomag Geoelectr,5:59-65.

SANO Y,1980. Time changes of transfer functions at Kakioka related to earthquake occurrences (Ⅰ) [J]. Geophys Mag,39(2):93-117.

SANO Y,1982. Time changes of transfer functions at Kakioka related to earthquake occurrences (Ⅲ)——periodicchanges of Transfer Functions and other related phenomena. Memoirs of the Kokioka Magnetic observatory[J]. Geophys Mag,41(2):11-30.

SCHMUCKER U,1959. Erdmagnetische tiefensondierung in Deutschland 1957/59:Magnetogramme und erste Auswertung[R]. Abh Akad Wiss Gottingen Math Phys K1,Beitr IGJ Heft 5.

SCHMUCKER U,1964. Anomalies of geomagnetic variations in the southwestern United States[J]. J Geomag Geoelectr,15:193-221.

SCHMUCKER U,1970. Anomalies of geomagnetic variations in the southwestern United States[J]. Bull Scripps Inst Oceanogr,13:1-165.

SHIRAKI M,1980. Monitoring of the time change in transfer functions in the central Japan conductivity anomaly[J]. J Geomag Geoelectr,32:637-648.

SIMEON G,SPOSITO A,1964. Anomalies in geomagnetic variations in Italy[J]. J Geomag Geoelctr,15:249-267.

SONETT C P,1971. Lunar electrical conductivity profile[J]. Nature,230(5293):359-362.

TSAI T B,1986. Seismotectonics of Taiwan[J]. Tectonophysics,125:17-37.

UNTIEDT J, 1970. Conductivity anomslies in central and southern Europe (Appendix) [J]. J Geomag Geodlectr,22(1/2):131-149.

WIESE H,1954. Erdmagnetische Baystorungen und thr heterogener,im Erdinnern induzier Anteil[J]. Z Meteorol,8:77-79.

WIESE H,1962a. Geomagnetsche tiefentellurik. Teil Ⅰ:Die slektrische leitfahigkeit der Erdkruste und des oberen Erdmantels[J]. Geofis Pura e appl, 51:59-78.

WIESE H,1962b. Geomagnetsche tiefentellurik. Teil Ⅱ:Die Streichrichtung der Untergrundstruktur des elektrischen Widerstandes, erschlossen aus geomagnetischen variation[Ⅰ]. Geofis Pura e Appl,52:83-103.

YANAGIHARA K,1972. Secular variation of the electrical conductivity anomaly in the central part of Japan[J]. Memo Kakioka Mag Obs,15:1-11.

YANAGIHARA K, NAGANO T, 1976. Time change of transfer function in the central Japan anomaly of conductivity with special reference to earthquake occurrences[J]. J Geomag Geoelctr, 28(2):157-163.

YOSHIZOE,YASUTO,1975. "G. E. P. Box,G. C. Tiao,Bayesian Inference in Statistical Analysis" [J]. Economic Review,Hitotsubashi University,26(2):188-190.

YUKUTAKE T,FILLOUX J H,SEGAWA J,et al,1983. Preliminary report on a magnetotelluric array study in the northwest Pacific[J]. J Geomag Geoelctr,35:575-587.

附 录

附录 1

四个周期段帕金森矢量方位角和长度及它们的误差

代号	台站	Ds	64.0~85.3 分钟				32.0~51.2 分钟				17.0~28.4 分钟				8.5~16.0 分钟			
			方位角 1	误差	长度 1	误差	方位角 2	误差	长度 2	误差	方位角 3	误差	长度 3	误差	方位角 4	误差	长度 4	误差
JIH	静海	-6.3145	-19.109	17.913	0.058	0.014	-23.46	16.426	0.065	0.013	-28.053	10.361	0.074	0.01	-37.415	13.319	0.068	0.014
LYH	红山	-5.6535	-59.718	27.994	0.044	0.018	-38.293	18.568	0.049	0.014	-26.945	8.566	0.074	0.008	-26.142	6.219	0.103	0.009
CHL	昌黎	-7.244	7.064	6.775	0.126	0.013	9.96	6.181	0.173	0.011	11.778	3.685	0.224	0.009	11.983	3.101	0.278	0.01
TAY	太原	-4.9317	230.7	11.938	0.087	0.017	234.074	9.583	0.1	0.018	239.82	7.897	0.124	0.02	253.31	5.982	0.126	0.019
HHH	呼和浩特	-3.6638	-27.541	11.44	0.115	0.017	-24.798	7.259	0.148	0.014	-27.604	4.559	0.164	0.01	-37.384	4.472	0.159	0.011
MZL	满洲里	-9.1288	161.58	20.152	0.051	0.019	133.407	23.113	0.047	0.019	108.232	15.254	0.043	0.013	83.816	39.752	0.025	0.014
DLG	大连	-7.6853	30.165	16.762	0.055	0.014	36.59	12.052	0.082	0.016	52.656	6.367	0.092	0.011	66.145	4.704	0.116	0.012
CNH	长春	-9.682	4.619	17.786	0.063	0.016	17.402	17.5	0.065	0.017	7.632	11.143	0.059	0.01	5.05	17.48	0.05	0.01
COM	崇明	-5.2903	224.286	11.076	0.155	0.028	217.074	7.317	0.195	0.022	208.401	3.603	0.274	0.014	205.269	3.79	0.354	0.016
HZC	杭州	-6.1615	219.063	13.535	0.126	0.026	215.904	7.6	0.158	0.018	207.51	4.909	0.209	0.013	202.964	4.479	0.268	0.016
MCH	蒙城	-5.2578	7.651	32.694	0.031	0.018	36.893	21.295	0.05	0.017	31.39	7.311	0.079	0.009	33.386	6.524	0.101	0.01
QZH	泉州	-3.558	-44.797	5.91	0.242	0.023	-43.137	3.833	0.27	0.016	-38.493	2.816	0.3	0.012	-36.571	2.485	0.339	0.012
TAA	泰安	-5.4287	69.91	57.58	0.02	0.014	5.599	43.603	0.023	0.014	5.43	23.171	0.025	0.009	75.841	51.407	0.021	0.011
TCH	郯城	-5.8332	146.776	19.111	0.05	0.013	134.865	11.493	0.066	0.013	127.555	5.709	0.081	0.009	118.662	3.949	0.105	0.009

续表

代号	台站	Ds	64.0~85.3 分钟				32.0~51.2 分钟				17.0~28.4 分钟				8.5~16.0 分钟			
			方位角 1	误差	长度 1	误差	方位角 2	误差	长度 2	误差	方位角 3	误差	长度 3	误差	方位角 4	误差	长度 4	误差
LYA	洛阳	-4.553	139.818	8.59	0.121	0.017	129.792	4.555	0.157	0.013	121.859	2.084	0.236	0.009	118.614	2.043	0.269	0.011
WHN	武汉	-3.9725	-60.53	25.624	0.054	0.022	-67.55	9.76	0.075	0.018	-48.627	7.328	0.096	0.012	-34.713	6.166	0.126	0.011
SYG	邵阳	-2.8715	158.66	48.34	0.031	0.019	188.947	14.337	0.066	0.01	184.735	6.187	0.118	0.006	177.314	4.379	0.184	0.005
XXX	肇庆	-2.2328	0.241	9.229	0.124	0.011	-9.727	6.977	0.137	0.008	-11.869	6.049	0.14	0.008	-6.15	5.482	0.135	0.006
YON	邕宁	-1.8	51.543	10.303	0.13	0.026	42.314	8.82	0.111	0.015	55.401	7.22	0.091	0.013	76.859	5.563	0.056	0.01
QGZ	琼中	-1.4858	11.118	4.562	0.309	0.012	9.871	2.698	0.558	0.008	5.616	2.436	0.373	0.005	1.189	2.61	0.321	0.006
CDP	成都	-1.597	103.417	4.88	0.198	0.022	109.931	3.3	0.228	0.018	120.926	2.841	0.212	0.012	142.77	4.566	0.183	0.012
XIC	西昌	-1.7447	50.881	4.458	0.271	0.019	44.912	3.819	0.293	0.018	30.094	5.296	0.263	0.017	9.161	8.916	0.227	0.016
THJ	通海	-1.2698	85.259	1.652	0.384	0.011	89.754	1.154	0.356	0.009	92.28	1.048	0.25	0.009	94.278	3.722	0.095	0.009
GYX	贵阳	-2.0658	74.339	4.789	0.199	0.021	79.173	2.211	0.241	0.016	80.088	1.38	0.305	0.014	75.049	1.855	0.354	0.018
LSA	拉萨	-0.536	225.654	5.759	0.218	0.021	238.693	4.753	0.168	0.015	-87.565	5.206	0.106	0.013	-5.841	6.534	0.114	0.008
SQH	狮泉河	1.3113	205.45	10.759	0.117	0.018	207.682	10.355	0.394	0.013	212.875	10.772	0.064	0.008	201.031	36.003	0.029	0.008
QIX	乾陵	-3.1278	-36.389	15.9	0.078	0.016	-35.417	10.62	0.098	0.015	-26.28	5.924	0.144	0.009	-20.825	4.8	0.195	0.008
YUL	榆林	-4.195	214.99	4.283	0.209	0.014	213.61	2.976	0.231	0.01	212.714	2.272	0.216	0.006	205.92	3.301	0.164	0.007
LZH	兰州	-2.2425	5.615	7.658	0.158	0.014	5.56	4.403	0.196	0.009	4.555	2.918	0.239	0.005	3.91	2.834	0.256	0.006
TSY	天水	-2.5205	125.469	10.839	0.109	0.022	120.054	4.603	0.166	0.015	114.417	2.321	0.231	0.013	106.51	1.318	0.308	0.011
JYG	嘉峪关	-0.7075	15.948	10.956	0.12	0.017	16.351	7.41	0.134	0.013	12.231	5.624	0.129	0.007	16.115	11.954	0.103	0.011
GLM	格尔木	-0.1343	35.475	14.532	0.087	0.019	50.178	12.046	0.09	0.02	95.177	41.846	0.034	0.019	173.827	28.914	0.06	0.016
YCB	银川	-3.1987	206.364	11.029	0.114	0.016	206.558	7.12	0.15	0.014	201.724	4.721	0.174	0.01	198.856	6.244	0.134	0.01
WJH	乌家河		-33.047	25.19	0.051	0.016	-21.932	17.622	0.051	0.016	126.059	47.67	0.024	0.012	162.526	6.3	0.094	0.007
WMQ	乌鲁木齐	2.707	-34.133	30.676	0.059	0.018	-14.723	17.136	0.077	0.017	-19.949	13.702	0.073	0.013	-19.2	14.945	0.06	0.012
KSH	喀什	3.845	157.8	27.82	0.04	0.02	137.574	35.202	0.027	0.019	181.559	16.077	0.039	0.009	179.466	11.165	0.049	0.003
ESH	恩施		-56.856	9.86	0.12	0.022	-55.172	4.96	0.128	0.013	-58.882	8.93	0.068	0.011	127.549	13.773	0.055	0.011
NCH	南昌		220.26	15.84	0.09	0.021	215.26	13.73	0.092	0.017	216.1	6.74	0.125	0.013	265.13	4.87	0.176	0.012

注：方位角的单位为"°"；长度无量纲，小于"1"。

亲历唐山地震

龚绍京

1976 年 7 月 28 日这天,天气特别闷热。到了傍晚,天空乌云密布,云层又低又厚,像一个乌黑的大锅倒扣天空,闷热得难受。这天我爱人出差去北京,我便带着两个孩子准备晚上住在办公楼三楼的集体宿舍。1972 年照顾爱人关系调到天津市地震队以后,因为上班路途太远,有时我不回家,就在集体宿舍住一晚,甚至有时带一个孩子在单位附近上幼儿园,周末才回家。那天临睡觉时,哗啦啦下起了倾盆大雨。我将两个单人床拼起来,挂起了双人蚊帐,很快就入睡了。半夜嘈杂的尖叫声将我吵醒,听见有人在喊:"地震了! 地震了!"我赶快叫两个孩子,但她们睡得迷迷糊糊叫不醒。房间里黑不溜秋,我找不到鞋子,又感到房子还在晃动,带着两个幼小的孩子下楼实在困难。没办法,我只好一动不动地抱着小女儿,就那么坐在床上任凭摇晃。那摇荡的感觉,就像是坐在船上随着波浪起伏,大约摇晃了几分钟才停下来。下面有人喊:"龚绍京,你还不赶快下来"。我才慢慢找到了鞋子,带着两个女娃下到了办公楼后面的空地上。

当时很乱,听说有人从三楼的窗子直接跳下去了,好在没大碍。大约因为睡得太沉,我似乎没有感觉到地震纵波的上下颠簸,仅仅感到了横波的起伏摇荡。楼下的空地上,秩序乱糟糟的,不知道地震发生在什么地方,因为地震记录仪的初动都出格了。我们很快就投入工作。在办公楼后面的空地上停着两辆大巴车,局长、行政人员等当时没在工作任务的人都坐在那里。而我们技术人员则仍在二楼办公。领导要求一天要做两次会商,测震要搞清大震震中和余震,各前兆手段要提出后续有没有强余震的意见。我们没法休息。我便将两个孩子送到大巴上,让她们乖乖地坐着别乱动。但小的当时才四岁多,她坐不了多久就跑到二楼来找我。我感到她在身旁影响工作,便将她送到三楼去睡觉,她也很听话地一个人睡了。到了下午六点多又发生强余震(18 时 45 分滦县 7.1 级地震),办公楼震动很厉害。我才想起还有一个孩子在三楼,正想去找她,大女儿却带着哭脸的妹妹下来了。大女儿很懂事,当时八岁多,她一直乖乖地在大巴里坐着,但一开始感到地震,她立刻就跑到二楼我办公的地方,没看到妹妹,又到三楼将妹妹带下来交给我,她自己又回到大巴上。

晚上,我爱人回到了坐落在河东区大桥道的天津市地震队。他在北京也被地震震醒了。他住三里河一机部招待所五楼,房间在剧烈地颠簸摇晃,桌上的热水瓶和茶杯等落到地下发出各种响声,房间和走廊里乱成一片,大家纷纷往楼下跑,来不及穿衣服,就只穿短裤和背心在马路上蹲了一夜。只是在天亮后驶过几辆警察的摩托车,知道一点点地震的消息,但还没有弄清震中位置。不知道地震对天津的破坏如何。他急坏了。从三里河走到了北京站,爬上了一辆开往天津的火车,据说这是当天唯一开往天津的列车。他又从天津东站走到了大桥道。这天他走了几十公里。看到我们三人都安然无恙,才算放下悬着的心。

第二天我要了一辆小车去唐山。我们戴着两套重叠加厚的棉纱布口罩,而且都在口罩上喷了酒精。刺鼻很难受,但为了防范病菌,只能忍了。进入唐山市,地上有人在喷洒来苏水,天上飞机也洒着药水。即使带着喷了酒精的双层口罩,还是能隐隐闻到药水混和着刺鼻的味道。公路两边全是一堆堆瓦砾,没有一栋好房子,满目疮痍。穿过唐山市去飞机场的途中,只看到孤零零一栋还立着的较完整房子,但也只是骨架。

抗震救灾指挥部设在唐山郊区的机场,沿途经过医院,已是一片废墟,可想而知,病人大都埋在瓦砾中了。在机场听到了许多关于这次地震的描述:有人看到了地光并听到了轰隆隆的地声。房子像"叠罗汉"一样,一层一层地"叠"起来,好像一层一层往下沉。人睡着睡着就被甩出去了,而且是甩到了已经垮掉的房屋顶上。有些人跑出去,没让墙壁及房内的家具砸伤,反而让室外的凉台或屋檐给砸了。河北省地震局去唐山地震办公室落实异常的同志,有人牺牲了,那是一个中国科技大学地球物理专业毕业的同志。他裹着被子躲到了床下,没保全。这次地震破坏的范围南到天津汉沽区,天津市区有些地基松软的地方也有房屋损坏,如小白楼地区。我们在指挥部接好了头,本来可以住下的,但当天那个司机怎么也不肯留宿。他怕,认为不吉利,他觉得死人太多了。当天就开车回来了。

为了检测有没有强余震,我们决定加密开展流动磁测,范围包括天津郊县和唐山震区。因此我去过唐山许多次。在机场住过,在救助点吃过饭,也接触到当地的群众。人们仿佛已不懂得悲哀,脸上的表情木木的,没有了喜怒哀乐。遇到老乡问家里的情况,会回答说:"还好,我家里只死了一个人。"似乎这是多么幸运的事!如果在平常,家里死了一个人,那会是全家哀嚎痛哭。我爱人一个同事的亲戚在唐山矿冶学院,托我去看看情况。我找到矿冶学院打听,全家都罹难了。据说有些是火灾烧死的。当时都用蜂窝煤炉,凌晨三点多发震,人们正在酣睡。我们也听到了许多临震前兆现象,大多是动物和地下水方面的。有一个村的村民每天劳动完后,都会去温泉洗澡。本来水温正好,地震前一天晚上去洗澡时,水烫得下不去人。鱼成群跳出水面,鸡鸭乱跑。天津汉沽有一个村,一条狗救了一村人。据说那条狗平时是用铁链子拴着的,那狗硬是不停地叫,拼命地挣扎,把铁链子都挣断了,人们才想起可能是要地震了。这一村人有地震常识,得救了。可大多数临震前兆都没有上报和集中,那时电话尚不普及。在唐山地震前半年,就已经对唐山有地震的中期预报,可是一直没震,人们有些"疲"了。唐山地震没有海城地震那种"小震密集—平静—发震"的前兆现象,但地磁、地电、地下水、重力事先都发现有中长期前兆。记得震前我去北京,北京铁道总医院院长谢强哉叔叔问我"有没有地震?"我当时告诉他"正打算开会研究"。地震后我再到他家去时,他又告诉我地震前他家的鹦鹉拼命叫,要从笼子中飞出来。

在我看来,地磁是有前兆的,只是当时认识不统一。我调到天津以后,北大的陈伯舫老师正好做了核旋分量仪,他给了我一台放在青光台,白家疃台有一台。昌黎台是北大地球物理教研室选的台站,最初教研室的老师(包括王子昌教授)都曾去值班看台,后交给河北省地震局,它们后来也有核旋分量仪。分量仪加上核旋仪,可以测地磁总强度 F 和垂直分量绝对值 Z,水平分量绝对值 H 则只能算出。我于是做了一种叫做"青-白和昌-白 Z 分量绝对日均差",以此参量作为监测手段。所谓绝对日均值是指加上基线值后磁照图上 24 小时均值,从 1974 年起,这个差值就在下降,至 1976 年地震前已下降了两年多。但北京分析预报中心分管地磁的同志认为 Z 分量有异常,总强度 F 没有异常,就不能算作异常。这位同志是从中国科学院地质研究所调过来的,我认为他没有矢量的概念。从矢量的角度说,这种情况完全可能。F 没变,Z 变了,那可能水平分量 H 也变了,而且磁场矢量的方向也变了。可当时据说地球物理研究所也有人持分析中心那位同志同样的观点,即否认异常。同时,地电也出现较长期异常,且在震前数日有一个很大的变化。可当时地电的某位权威认为是"干扰",并说若是异常,八级也打不住。当时国家地震局分析预报中心的主要力量都去四川了,留下的力量非常弱。后来发生了松潘—平武地震,但唐山地震没有报出来。

那时北大和中科大都来驰援天津地震局。科大的同班同学吴增庆来了,帮助架设流动地震仪。可我很忙,只跟他打了个照面,没说几句话。但北大地球物理教研室来支援天津的臧绍先,却陪着我去做流动磁测。每当测量时,他总站在我身后,为我挡太阳。流动测点范围北到蓟县台(毛主席逝世那天我正在蓟县台做流动磁测,从扩音器中听到了他逝世的消息),南到靠近黄骅的徐庄子台,在唐山至汉沽的中间地带还有许多加密点。我们在天津东北郊的东堤头和靠近宁河县城的芦台农场设了流动测点。由于有许多大学生来帮忙,磁测分成两组。这么多测点,只有东堤头和芦台农场两个点有明显的异常,出现了一个大"喇叭",即一个点通化后的绝对值上升,一测点下降。这个情况当时就反映了。2016 年唐山地震四十周年之际,为了写纪念文章,我曾特意去找当时也做流动磁测的辛永信,我们一致回忆、再次强调了这个异常。只可惜唐山地震发生后,我因为每天"连轴转",过度劳累,肝大"四指"。我去天津市二中心医院,找了内科主任(据说是从德国留学回来的)。他当时说,我只能活5～20年。那时我脸是灰色的,头发就像草一样,肝区痛得厉害。我不得不将所有资料移交给调来接替我的同志,回家休养。同年11月15日宁河发生了6.9级强余震时,我在家里感到了房子的震动。老曹所在单位派了一辆车送我去青光地震台,我看了下震相,证实了是在东北方向。我很傻,当时不知道自己留个底,毫无保留地将资料和图表都交给了接手的同志。可后来他们将这些资料搞得乱七八糟,我原来的图都不知道哪里去了。很可惜这些事先发现的异常都没有发表,只能靠两个当事人(我和辛永信)的回忆来证实。

在我看来,唐山地震没有报出来,既有客观原因,也有主观因素。客观上来说,的确没有出现海城地震那样的地震学前兆,即震前没有密集的小震活动,但也不是没有其他手段的前兆。至于主观因素,一方面是认识判断错误;另一方面是地震知识普及不够,没有建立临震前兆的收集汇总系统,临震前兆都没有报上来。唐山地震过去已经四十多年了,它的经验教训值得我们永远铭记。

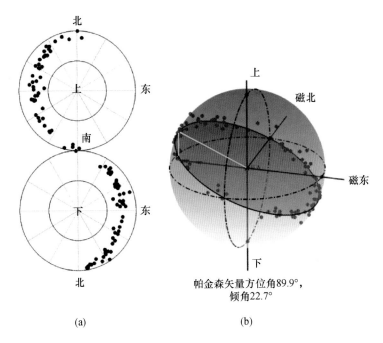

(a)   (b)

图 6.6　通海地磁台差矢量分布的极坐标表示法(a)和球坐标表示法(b)

(球体半径为 1；Δt=11～40 分钟；图(b)中的虚线为两正交的大圆；

黑色箭头表示帕金森矢量的方向；刘双庆绘，下同)

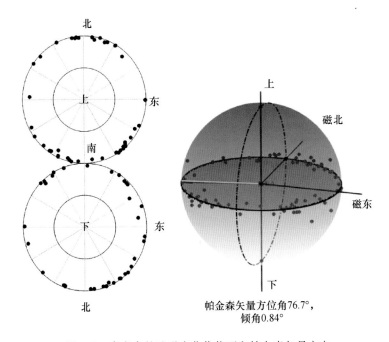

图 6.7　泰安台的地磁变化优势面和帕金森矢量方向

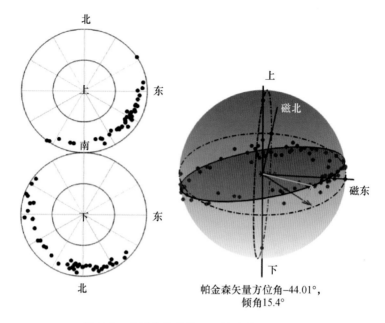

图 6.8　泉州台的优势面和帕金森矢量方向

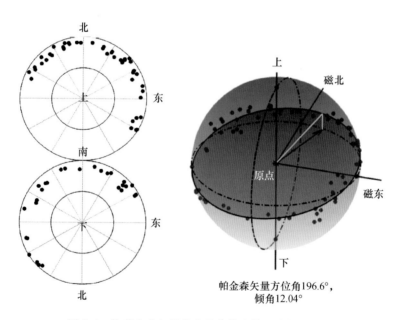

图 6.9　拉萨台差矢量分布及优势和帕金森矢量方向

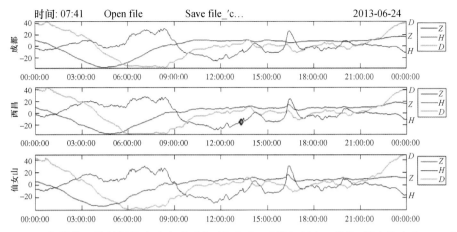

图 6.10　复转换函数数据提取示意("◈"为时间起点,采样间隔为 1 分钟,样本长度为 $N=2^8$)

(图上面一排的"Open file"和"Save file_'c"是操作符号,表示打开文件、显示曲线、存储数据;
"2013－06－24"代表日期;"时间:07:41"表示鼠标所在位置。余同)

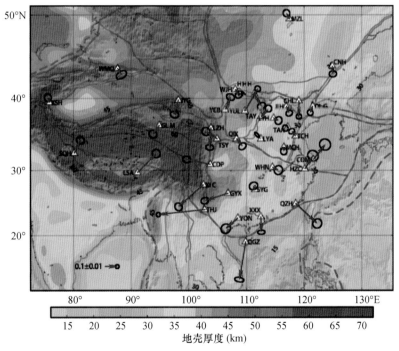

图 6.11a　第 1 周期段(64.0～85.3 分钟)实帕金森矢量的分布(刘双庆绘,下同)

(图中白色三角形代表台站,黑色箭头为帕金森矢量,箭头处的黑色椭圆表示计算误差。长春－CNH;崇明－COM;红山－LYH;昌黎－CHL;大连－DLG;九峰(武汉)－WHN,恩施－ESH;格尔木－GLM;贵阳－GYX;杭州－HZC;满洲里－MZL,呼和浩特－HHH;乌家河－WJH;兰州－LZH,天水－TSY;嘉峪关－JYG;静海－JIH;徐庄子－XZZ;乌鲁木齐－WMQ,喀什－KSH;拉萨－LSA,狮泉河－SQH;洛阳－LYA;泰安－TAA;郯城－TCH;蒙城－MCH;南昌－NCH;乾陵－QIX;榆林－YUL;琼中－QGZ;泉州－QZH;邵阳－SYG;太原－TAY;通海－THJ;成都－CDP,西昌－XIC;银川－YCB;邕宁－YON;肇庆－ZHQ(图中 XXX)

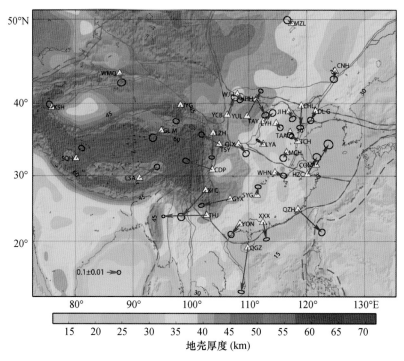

图 6.11b 第 2 周期段（32.0～51.2 分钟）实帕金森矢量的分布

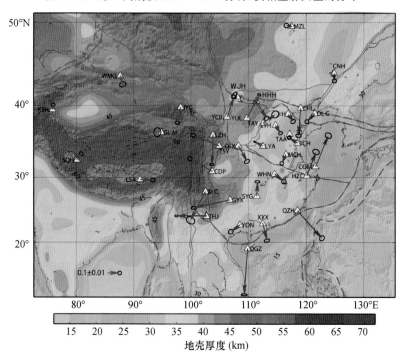

图 6.11c 第 3 周期段（17.0～28.4 分钟）实帕金森矢量的分布

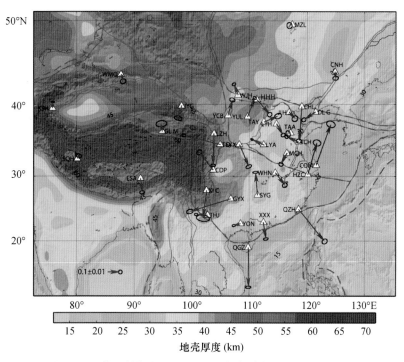

图 6.11d 第 4 周期段(8.5~16.0 分钟)实帕金森矢量的分布

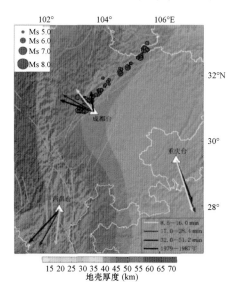

图 7.36 震中、台站位置及不同周期的帕金森矢量(龚绍京 等,2012)
(图中成都、西昌、重庆台的三个箭头是谱分析结果;成都台指向北北西的黑箭头是
20 世纪 80 年代磁变仪上的量图结果)

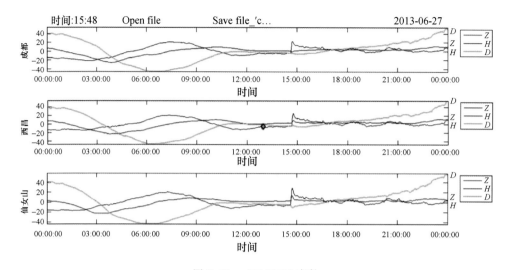

图 7.37a　20130627 事件

（"◆"代表事件的起始时间；可看出成都台的 Z 与 H 的变化是反向的，

与西昌和重庆（仙女山）的 Z 也反向）

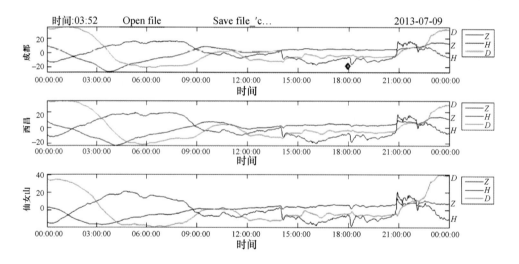

图 7.37b　20130709 事件

（可看出成都台的 Z 与 H 的变化以及与西昌和重庆（仙女山）的 Z 都是反向的）

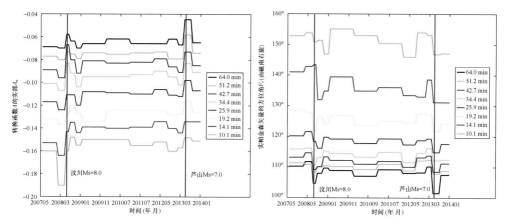

图 7.42　成都台 A_u 的均值
在汶川和芦山两地震前后的变化

图 7.43　成都台帕金森矢量的方位角均值
在汶川和芦山两地震前后的变化

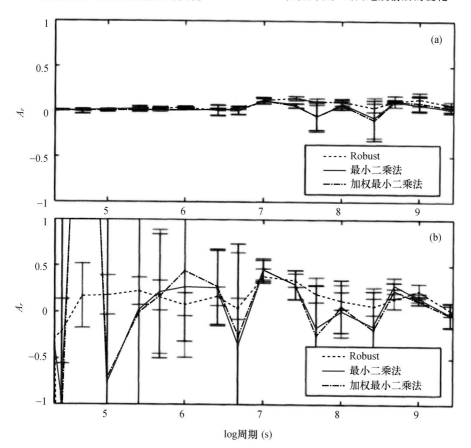

图 9.1　地磁转换函数不同算法之间稳定性对比

（a）只在水平分量中加入 5% 高斯白噪声的 $A_r(A_u)$ 结果；

（b）只在垂直分量中加入 5% 高斯白噪声的 A_r 结果